一日三餐减糖料理

单周无压力减掉2kg的美味计划
72道低糖瘦身搭配餐

娜塔（Nata） 著

李锦秋（泰安医院营养师）专业审订

辽宁科学技术出版社

沈阳

目录 CONTENTS

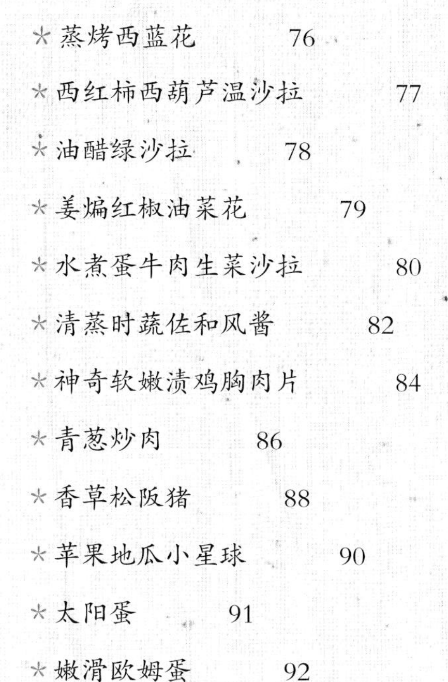

BREAKFAST

PART 2

日系咖啡馆风的活力
减糖早餐

LUNCH

PART 3

家常便当菜的丰盛

减糖午餐

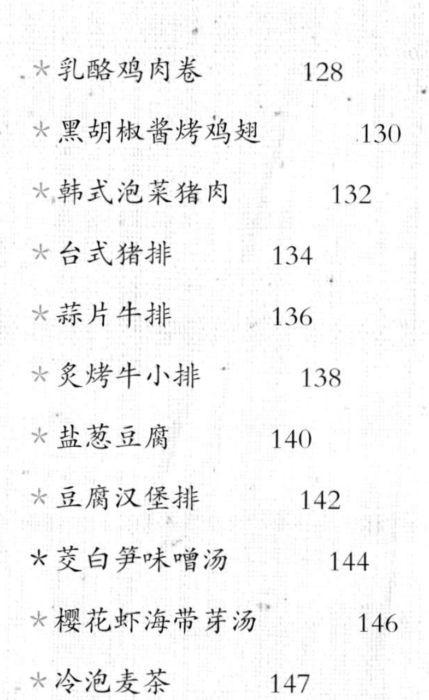

DINNER

PART 4

丰富多变的轻食风

减糖晚餐

推荐序

减糖不减健康，最开心的瘦身法！

减肥永远是最热的话题，现代人饮食多样化，常常吃意大利面、焗饭、牛肉面、蛋糕、甜甜圈等，或者把含糖饮料当水喝。饮食中少了蔬菜和水果，这些不够均衡的饮食习惯导致身体肥胖，也造成了现代人许多的文明病。从这个角度来看，如果可以适当地减糖、控糖，并且让饮食能均衡些，何乐而不为呢？

每次提到减肥，大家都知道不能吃炸的食物，要少用油，甚至总是用清蒸水煮的方式来烹调食物。但过度地限制油脂反而让身体没有饱腹感，也容易影响到身体的代谢，同时肠道因为缺乏适量的油脂，会出现便秘等问题。

减糖会不会影响健康，到底能不能执行呢？这也是很多读者不断问我的问题。其实如果适当的减糖并且未达到生酮的情况之下，在控制热量的同

时，摄取到大量的蔬菜，适当的蛋白质、油脂和水果，不但能帮助瘦身，也能让身体摄取到足够的维生素和矿物质，让身体不再缺乏营养，也是好事。

在减肥门诊工作时，总会遇到病人来问有关减糖减肥的相关问题，“糖类”是什么？什么样的人不适合减糖，关于减糖有很多的疑问，在这本书中都可以找到答案。

这本书中介绍的所有食谱都是娜塔减糖减肥时经常搭配的料理，按照食谱来制作，不但能享受到美食，同时也能瘦身，达到双赢的效果，注重身材的你不妨一起来试试减糖料理吧！

泰安医院营养师　李锦秋

前言

我为什么热爱减糖，因为实在太幸福了！

这是史上第一次，周围的人都说我瘦了很多！拥有20年减肥资历的我，接触减糖后，现在比生两个孩子前还瘦，最重要的是，身体变健康，终于不用挨饿，还能天天吃好吃的食物。对从小易胖难瘦的我来说，这真是不可思议。天啊，这次我真的瘦了！

减糖之前，过去只要决心减肥，没有一次不是历经痛苦、忍耐然后放弃。短暂而疯狂的运动、三天两头饿肚子，为了减肥什么方法都试过（除了吃药），这些熟悉到反胃的感觉，一路都觉得好辛苦。惨的是不但瘦不下来，反而越来越胖，午夜梦回时，真的忍不住偷想：我会不会胖一辈子？

接触减糖饮食的契机是在2016年年底，当时刚生完老二半年多，心想差不多可以进行产后减肥了，但那时候因为过去无数次失败的经验，导致一点自信都没有，嘴巴喊着想瘦，低头一见松垮成坨的油腹却实在提不起劲。没想到这时有出版社向我推荐麻生怜未营养师倡导的减糖书，看完后非常震惊，因为我过去从来没尝试过类似的方式，抱着姑且一试的好奇心，决定先进行14天看看。

没想到令人惊讶的事发生了，按照书中的观念自行设计菜单，吃2天我就瘦了1kg，不到3周总共瘦了4kg！外观尤其明显，裤子松了、蝴蝶臂也瘦了好多，发生了前所未有的奇迹，真的感到非常惊喜！不仅过去从来没瘦得如此有成效，我也未曾感受过真正消脂的感觉，除了惊叹连连更增强了信心，加上执行起来轻松又愉快，不知不觉就这样减糖超过一年。

在这段时间里，我不仅每天都吃好、吃饱，还稳定持续瘦身，即使身兼母亲跟文字工作者身份，常常忙到抽不出时间运动，遇到节假日或出游也毫无节制放纵，但只要回到减糖轨道就能轻松保持身材。每当有人看到我吃惊地说："差点没认出你""天啊！你瘦了好多"时，虽然很纳闷自己过去在他们心中到底有多胖，但那种终于踏进瘦子圈的感觉，坦白地说是真的很开心！

以前对减肥的印象永远是"好容易饿""吃得好可怜"，光想到又要进入节食地狱就会郁闷难耐。于是我对减肥失败的觉悟就是：吃不好，完全无法坚持！

减糖之所以让我持续到现在，除了因为这样吃可以变瘦又健康，最重要的是再也不用老是吃烫青菜、蒸鸡胸这些淡而无味又干巴巴的食物，可以吃得更丰富、更满足，而且完全没有在减肥的感觉，才是真正可以让我持之以恒的原因。

为什么热爱减糖，就是因为太幸福了啊！

为了让时常伤神、不知怎么吃的困扰消失，希望跟我一样热爱美食、注重健康、追求"快乐吃也能瘦"的人都能拥抱幸福，这本实用的减糖搭配书在我反复研究体验下终于诞生了！看完相信你一定会燃起满满动力，一起感受减糖的美好。

娜塔 （Nata）

减糖饮食带给我的惊人变化

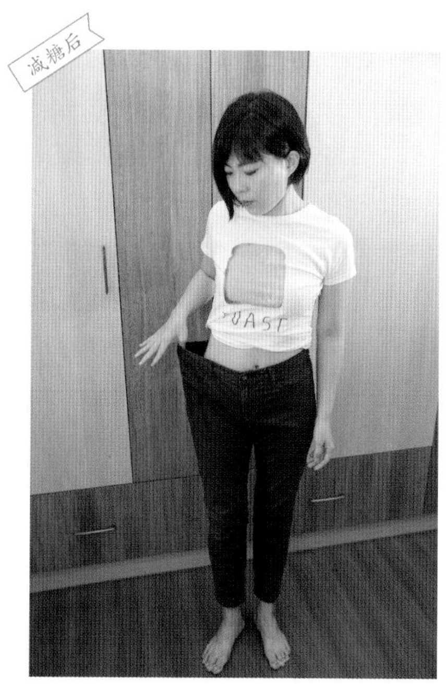

我是娜塔，今年37岁、164cm。这是减糖前后的我，穿同一条裤子让大家看看这个不可思议的差距。拜减糖所赐，现在的我竟比20岁时还瘦，只进行了饮食调整就从原本的61kg轻松变成51kg，而且维持超过一年不反弹。谁能想象在这之前，我减了20年不曾真正瘦过，减糖却能让我比学生时期更瘦！代谢差的中年时期比代谢佳的青年时期还要纤细，怎么想都觉得不可思议。

想成功减肥，必须先重建信心

爱漂亮的我从初中起就惧怕肥胖，只是没想到反反复复没变瘦也就罢了，竟然还越来越胖！婚后从2012年到2016年陆续生下两个孩子后，最胖时一度接近80kg，第一次知道自己原来可以这么胖，真是不敢想象！人一胖就显老，走到哪都婶味浓厚，渐渐变得不爱拍照，想不起曾经也爱漂亮，所有

错误的减肥让我一年比一年更胖！

的衣服都是长版、宽松、遮腹盖臀。自信不断削减，觉得自己离时尚好远、好远。

有些人减肥是为了可以穿着性感、露出自己最自信的部分；我则是热衷穿着有型有款，一直憧憬穿衬衫很挺、随便套个T恤都看得出身型曼妙，或许理由有点特别，但却是我长年热衷瘦身的最主要原因，那种渴望始终没变过。虽然体重攀到高峰时想到这梦想会有点难过，毕竟越走越遥远，更没志气地想只要不继续发胖就满足了。

第一次接触减糖是在我生下老二、喂母乳半年后，进行前的我虽然一如往常嚷着想瘦，内心深处却极度没自信，毕竟减了这么多年，试了一堆方法都没效果也无法持续，试想能多有信心?

一提还被老公说："又来了，别白费力气啦""其实这辈子我觉得你都不会瘦"，但他讲话这么刻薄也不能全怪他，因为在一起十多年，他深知我爱美归爱美，易胖爱吃的本性却难改，交往后我体重不断攀升，年年喊想瘦但没有一次成功。

减糖饮食，让我持续瘦下去

如果有人看过我在网上的文章《我为什么一直想减肥》，一定都知道我曾付出过各种努力。但多数减肥方法常吃得很压抑，要不就是运动量极高，对家有小小娃常睡不好又忙得团团转的妈妈来说，不能好好吃，累了一天还要想办法逼自己大量运动，一时兴起或许能撑个几天，但长期下来到底能持续多久？

了解减糖的方式后非常心动，好奇地想："真的可以吃得饱又瘦得多吗？"反正从来没试过，如果坚持14天没什么效果的话那再想办法好了。结果谁能想到竟出现我这辈子最惊人的瘦身奇迹：减糖不到3周我就瘦了4kg，体脂瞬间从32%变成28%，在我还没完全意会过来就瘦了！而且十分明显先从油脂最多的腹部、蝴蝶臂等部位开始，这确实太惊人了！那种欲罢不能的感觉很难形容，像是一种势如破竹般的力量来了，挡不住、没办法停下来，就是想继续，非常神奇。

一年的时间因减糖自然瘦下10kg，对于向来易胖、减肥失败无数次的我来说，犹如一件奇迹般的事！

吃得更加饱腹，也不怕来回复胖

一开始我吃得非常简单，就是查了几个常吃的食物糖分作搭配，完全没有采用任何厉害的烹调手法，分量还吃得比以前任何瘦身餐都多，偶尔真的饥饿时也会补充一些低糖食物。在完全不觉得辛苦的情况下，不但稳定地瘦，精神也大幅提升，皮肤也变得细致有光泽。最令人欣喜的是，过去常感冒的我竟一年内没有感冒！正因为不断感受减糖带给我的健康改变，我才能愉快地持续至今。

减糖半年

减糖一年

目前

这段时间在家庭与文字工作间两头忙得不可开交，运动的机会不多，过程中偶尔会出游或庆祝节日，但身材完全不像以前那么容易复胖，这点也是前所未有的，这应该全都要归功于平时让我吃饱、吃好，不觉得自己在减肥的各种减糖搭配。

餐餐吃得丰富满足，自然就不会老想着垃圾食物，实际上回归自然健康的美味，再去吃那些高糖或多余添加的加工食品反而觉得滋味贫乏，这无须多说，请细细感受，聪明的味蕾会自己去分辨的。

自制减糖搭配餐，真正消耗脂肪又速瘦

后来我慢慢发现减糖的乐趣比我想象得还要多太多，以前为了控制热量不敢吃的油或肉，现在都能吃了，减糖时用餐的美味度大幅提升，只要不觉得痛苦就能一直坚持，这对热爱美食的我而言非常重要。吃是人的本性也是活着的乐趣啊！一味苛刻违反天性、把维持身材视为常人难以企及的梦想，怎么想都不合理。

这一年多来，有时间我就做让自己吃得开心也吃得满足的减糖套餐，没时间就运用减糖原理快速搭配，外食怎么选择也越来越精细。坦白说，想瘦得有效果并获得健康的最好方式还是自己料理，但我依据生活的经验，也明白每个人在不同阶段有不同任务需要挑战或冲刺，并不是人人都能每天投入大量的时间全心全意地减肥。所以这本书出版，就是希望帮助大家在搭配减糖三餐时，能够快速掌握原则、找到方向，提供搭配示范和更多灵感作变化，让你的减糖生活动起来，找回吃的乐趣，渐渐地你会发现自己原来可以这么好看！

这么健康又能消耗脂肪的方法，你为什么不试？有什么理由不试？这辈子，每个人都应该“看到真正的自己”，别说拥有美丽的外貌是肤浅，从打理好自己做起，拥有自信，做任何事势必顺利愉快。

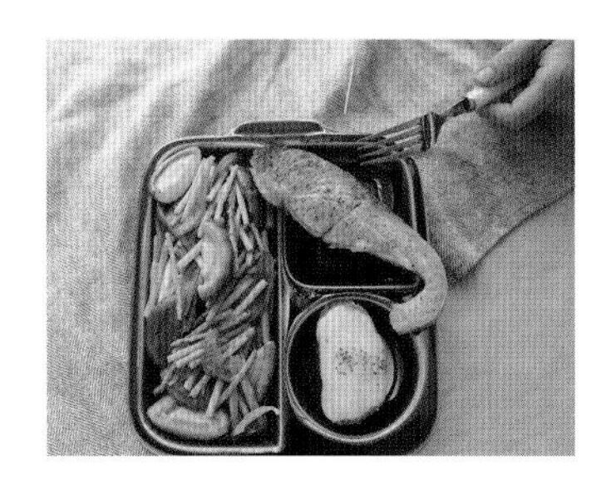

低糖饮食怎么吃?

"糖"到底是什么?

糖就是碳水化合物，更精确地说是净碳水化合物：碳水化合物－膳食纤维＝净碳水化合物。

多数人以为淀粉、水果、烘焙糕点才含有糖，其实绝大多数食物中普遍都含有糖分，它们之间的差别只在含量多寡。

几乎所有的食物中都含有糖分，像奶类、蔬菜、五谷根茎等都有，吃进这类食物通常不会立刻感受到明显甜度，必须经过唾液（淀粉酶）分解成小分子葡萄糖才会被肠道吸收。

· 为什么摄取过多糖分会胖?

因为人的身体在消耗热量来源时会先代谢糖分，然后才是蛋白质和脂肪。过量摄取糖分，身体的糖天天都来不及消耗掉，脂肪自然永远排不上被消灭的行列；另外糖分一多，血液中的葡萄糖就会增加并让血糖值上升，血糖一高会刺激体内胰岛素分泌，胰岛素会让一部分糖储存在肌肉或肝脏中，多余的糖转化成中性脂肪堆积在体内，渐渐形成肥胖。所以低糖分的饮食能促进脂肪分解，持续执行就能达到瘦身的效果。

· 减糖饮食的摄取标准和范围

每天摄取50～100g糖分都是低糖饮食的范围，在这个范围内均衡饮食除了能帮助瘦身也能让身体更健康；但是要达到瘦身效果，建议每天摄取的总糖分控制在50～60g之间。

摄取标准：每餐≤20g糖，早午晚三餐总和在50～60g糖

摄取足量蔬菜与优质蛋白质

蔬菜含有丰富的膳食纤维，膳食纤维有别于一般的精制糖或淀粉，不被肠道吸收分解，也不会造成血糖的上升。减糖时请多以糖分低的深绿色蔬菜为主，每天至少吃重量300～400g的蔬菜，不仅有利于达到一天膳食纤维25g的摄取目标，还能促进肠道蠕动、预防便秘。

蛋白质在营养成分的标示是“粗蛋白”，在肉、鱼、海鲜和豆类食物中最丰富。身体有足够的蛋白质才能让肌肉维持稳定，要知道肌肉本来就会随着年纪增加、缺乏运动和不当节食而慢慢流失，肌肉一旦不足人就容易肥胖，所以瘦身时务必记住要摄取足够的蛋白质！

减糖期间的蛋白质摄取量是依照本身体重计算的，每1kg体重每天需摄取1.2～1.6g蛋白质，例如一个人体重60kg，他在减糖期间每天应摄取72～96g的蛋白质。肉、鱼、海鲜和豆类这样的动植物性蛋白质都可拿来作均衡搭配。

一日所需蛋白质简易计算：

早餐 ▸▸▸ 吃100g肉类＋1个鸡蛋
午餐 ▸▸▸ 100g肉类
晚餐 ▸▸▸ 吃100g海鲜类

〔减糖小叮咛〕*Note*

减糖时所有食物都可以吃，但请优先注意食物的含糖量，再看总热量是否达到自己的基础代谢率，每天摄取50～60g糖并保持营养均衡，这样既有弹性也更容易执行。

放心吃好油，不再计较热量数字！

过去着重热量的减肥方式常让人对油脂惧怕不已，很怕吃肉，炒菜不敢多放油，很多食物都要水煮或是过水去油才放心，斤斤计较热量的结果是不仅减肥过程很痛苦而且吃得索然无味，动不动就觉得饿，结果瘦不到哪去还很容易复胖、时常便秘。

减糖后这种烦恼终于消失了，可以开心地吃含有油脂的食物也能加少许油烹调。用好油（例如，品质佳的冷压初榨橄榄油、椰子油、芝麻油及亚麻仁油）烹调的食物香气会更丰富也更好吃。如此一来，不但肠道获得滋润，和便秘说拜拜了，还能让身体很有饱腹感。

减糖饮食的油脂摄取会比过去认知的饮食提升一些，占每天总热量摄取的40%左右。许多食物本身即含有脂肪，额外增加少量油脂（每餐不超过3小匙油）烹饪，日常适度摄取，不用吃得太清淡也不过于油腻，这样用餐时会觉得更舒服、更愉快。

〔减糖小叮咛〕*Note*

在搭配一餐的时候需先注意蔬菜和蛋白质分量，计算完它们含有的糖分后，再视不足的部分去补充坚果、奶类、淀粉或水果等食物。让自己保持饮食均衡，搭配出丰富美味又有饱腹感的餐点。

减糖瘦身法快速入门及保持

糖分及热量的计算方式

天然的食物和加工的食品，糖分的计算方式不太一样。这部分必须先了解清楚，之后再参考或查询时就会很顺手。

一、有包装请优先参考包装上的营养标示

手边的食物若有包装通常都会有详细的营养标示，热量会优先标示，然后会看到蛋白质和碳水化合物（糖分），这3个是提供身体所需的三大能量。大部分人刚接触低糖饮食，对碳水化合物的计算是最不熟悉的。

具体的糖分计算方式：碳水化合物－膳食纤维＝净碳水化合物。

营养标示 Nutrition Labeling			
每100克 Per100g			每100克提供每日营养素摄取量基准值之百分比 Percentage of Daily Value of Nutrient Intake provided by per 100g
热量Energy	1661.9千卡	(kcal)	19.9%
蛋白质Protein	11.8克	(g)	19.6%
脂肪Fat	7.9克	(g)	14.3%
饱和脂肪Saturated Fat	7.9克	(g)	10.5%
反式脂肪Trans Fat	0克	(g)	0%
碳水化合物Carbohydrate	68.6克	(g)	21.4%
钠Soodium	1.8毫克	(mg)	0.1%
膳食纤维Dietary fiber	10.5克	(g)	52.5%
胆固醇Cholesterol	0克	(g)	0%

橘色框线的碳水化合物68.6g－绿色框线的膳食纤维10.5g＝糖分58.1g，也就是每100g重量的食品中含有58.1g糖的意思。

▲1千卡（kcal）=4.184千焦（kJ）

二、每日减糖控制的基本概念

刚开始执行的时候，饮食的目标设定在一天总糖分摄取含量为50～60g之间，同时摄取热量需达到自己的基础代谢率（BMR）。

基础代谢率就是人在什么也不做的状态下，身体本身运动就会消耗的最低热量，算这个就是要知道自己一天至少要吃足多少热量。为什么每天吃进的热量一定要达到个人的基础代谢率？因为长期吃不到基础代谢量，身体会以为你不需要，就一直让代谢变低，一旦变低后，能吃的食物量会越来越少，日后只要摄取超过基础代谢率，就很容易发胖！

而在减肥期间，建议一天吃进的热量要高于基础代谢率，但不超过每日所需总热量。

基础代谢率的计算方式：

男生BMR＝66＋（13.7×体重）＋（5.0×身高）－（6.8×年龄）

女生BMR＝655＋（9.6×体重）＋（1.8×身高）－（4.7×年龄）

活动程度数值	活动状态
1.2	久坐族／无运动习惯者
1.375	轻度运动者／1周1~3天运动
1.55	中度运动者／1周3~5天运动
1.725	激烈运动者／1周6~7天运动
1.9	超激烈运动者／体力活的工作／1天训练2次

每日所需总热量＝基础代谢率×活动程度数值

〔减糖小叮咛〕*Note*

熟悉以上基础观念之后，再学习如何平均分配每餐的糖分及热量，每餐都控制在糖分20g以内（例如：早餐20g、午餐19g、晚餐18g），热量只要注意不要过高，需要特别留意的还是糖分含量，并请注意摄取食物的营养分配是否均衡，尽量多吃新鲜食物，少吃或避免食用加工食品。

让减糖饮食事半功倍的五大原则

原则1：自己做菜请准备电子秤和量匙

减肥很鼓励自己下厨的原因只有一个：唯有这样，你才能准确掌控食物和调味内容！刚接触减糖时，建议先按照书中的食谱制作及配餐，准备食物电子秤和大小量匙，在制作料理时会更得心应手，可以轻松做出跟食谱一样美味的食物。

原则2：外食目测法

有时候一忙很难有时间料理，难免会外食。外食除了便利商店等购买的包装食物具有清楚的营养标示外，餐厅或小吃的料理在判断上会比较不容易，但还是有方法可以帮助减糖的。避免便当、盖饭、面食这类高糖食物多的类型，请多以可自行配菜的自助餐、火锅、清粥小菜或日式料理为主要选择。

外食搭配菜色的基础跟自己料理相同，都是先着重蔬菜和蛋白质后，再搭配其他食物。目测方式为蔬菜大约是两个手掌，鱼肉或海鲜、蛋、豆腐类为一个手掌摊平的分量，然后可以选择少量的淀粉及清汤；糖醋或浓郁酱料、勾芡的食物，减糖时要尽量少吃。

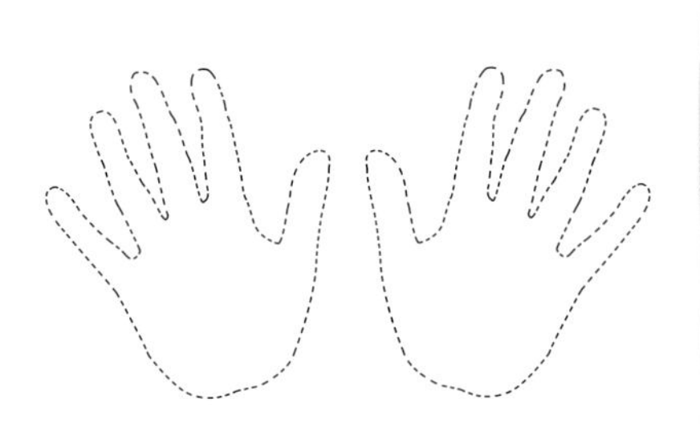

原则3：第一次执行请坚持14天

一般只要减糖3～7天就会开始适应，但第一周通常还在摸索当中，想养成一个好习惯一定要再坚持7天。在慢慢减少糖分的过程中，很容易会反弹以及对高糖食物产生异常渴望，请一开始就充分限制糖分，这样不仅对瘦身帮助大，还能坚定之后持续的信念。

当然，想瘦身不是只执行14天就好，规定这样的天数是先让自己养成习惯，同时也能明显感觉自己精神奕奕、肤质变好、身体更健康，好处多到反而不想停下来呢！总之请先拿出“这14天无论如何我会做到”的决心，本书有非常清楚的实例示范，保持愉快心情，吃好、吃足就对了。

原则4：务必充足饮水

一天请喝足至少2000ml的水，是喝开水，不是以茶或咖啡、果汁饮料等代替喔！在家很适合用大容量的水杯，一起床就可以先喝一杯温开水，外出不妨自备方便携带的水壶或保温杯，别渴了才喝或一次狂灌。每天均衡饮水，对健康跟代谢都很有帮助。

原则5：调整作息及适量运动

时常熬夜、睡眠少、休息时间不足，导致肾上腺素刺激食欲的类生长激素（Ghrelin，俗称饥饿素）上升，会促进食欲，然后就会让抑制食欲的血清素跟瘦体素（Leptin）都下降，让人容易发胖又常想吃东西，这样不胖也难。而运动是可以有效提升基础代谢率的，除了减糖的饮食控制外，鼓励大家一定要每周抽出时间多运动，身体的代谢能力提升，自然就不易复胖。

减糖三阶段——执行期、熟悉期、保持期

从不熟悉到逐渐掌握，减糖的不同阶段会有不一样的做法。简单地说，每日糖分需维持在50～60g，来到熟悉或瘦到一定目标的中后期，为了让效果提升，可以将三餐的糖分热量调整成早餐＞午餐＞晚餐，从早至晚逐渐减少，但糖分依然是一天摄取50～60g之间，热量需达到自身的基础代谢率。

时期	做法
减糖执行期 执行1个月至半年内	每餐限糖≤20g、一日三餐加总为50～60g之间
减糖熟悉期 有一定的熟悉度或接近设定目标时	调整为：早餐＞午餐＞晚餐糖分的限糖方式，例如早餐30g、中餐20g、晚餐10g糖 以三餐递减的模式进行，并多增加运动帮助代谢
减糖保持期 达到减肥目标后希望保持身材	达到目标后，可随着运动计划的增加、肌肉提升而渐渐提高每日糖分至100g内（最低依然不可低于50g）

· 达到瘦身目标后，未来该如何维持身材及调整饮食模式呢?

实际上，无论是否有减肥需求，减糖饮食本身就对身体健康有极大帮助。来到减糖保持期时，每日糖分只要能限制在100g以内，都在低糖饮食的范围。但这时建议自身的运动量也要随着提高，常保持以摄取原形食物为主的健康饮食。

淀粉、水果等
高糖食物真的吃不得?

对喜欢吃甜点的人来说，减糖时要戒吃甜食这部分会觉得较辛苦。实际上，无论是否顾虑身材，精制糖分多的甜食除了好吃之外，对身体健康并没有什么好处，即便没有瘦身需求也不应常吃。

可是，淀粉食物如米、面、玉米、地瓜、马铃薯等根茎瓜果的糖分都颇高，尤其是精制过的白米、面粉；水果也是，多数水果含有的糖分更是不容小觑。因为这样很多人在减糖时都对淀粉、水果避之唯恐不及，甚至为了快速瘦身而拒绝食用。

但这样做真的好吗?

减糖饮食没有不能吃的食物！

强调再强调，减糖时没有任何食物是不能吃的，淀粉水果的糖分虽然比蔬菜肉类高出许多，但在每天摄取的营养中还是必需的，与其压抑不吃还不如学习如何聪明摄取，而且时常变换着吃，也是生活中的一大乐趣啊！

先从淀粉来看，以全谷、少加工、原形食物优先食用是最好的。可以吃糙米就尽量少吃白米饭，能选择高纤维含量的全麦或杂粮面包，就尽量不挑白面包或蛋糕。可以的话，以根茎豆类如地瓜、南瓜、玉米、芋头、马铃薯、大豆，取代加工过的米面、冬粉、米粉是更好的摄取方式。

每天吃好的、优质的淀粉，除了糖分热量等能量直接补给，可以帮助膳食纤维、B族维生素、矿物质等营养吸收，不仅增进饱腹感，对减肥也有帮助。

〔减糖小叮咛〕 *Note*

虽然低糖减肥时期，每餐食用到的淀粉实在不高，但是借由提升蔬菜量、替代一部分淀粉食用量，就不用担心吃不饱的状况。别忘了蔬菜也含有糖分，不过它们的糖分远比淀粉低许多，同时含有许多纤维质和营养素，所以啊，运用蔬菜替代淀粉不是聪明多了吗?

调整传统饮食习惯，巧妙搭配一样能吃！

将过去把米面视为主食的饮食习惯调整过来，每餐的蔬菜和蛋白质变身主角、米面换作配角，这就是减糖饮食的核心重点。本书“米饭与淀粉控的救星”单元中，有示范如何制作适合搭配三餐的各种淀粉食物，自制减糖餐时不妨作为参考。

再来看水果，水果的维生素C和矿物质含量高，对免疫力提升有帮助。但是，香甜水果中的果糖可不能小看，因为果糖被肠道吸收的速度是相当快的。这时候糖分含量较低的水果是好的选择，像番石榴、草莓、蓝莓、苹果、小西红柿、猕猴桃、葡萄柚等，除了糖分真的太高的水果（例如榴梿、释迦）建议少吃外，实际上没有什么水果是不能吃的。

有些失衡的饮食做法，常教人们大量吃水果或吃单一水果减肥，这样除了让血糖快速上升外，摄取的糖分一不小心就会偏高，也就是为什么这样吃不但不会瘦还导致容易复胖的原因。

高糖分食物的聪明吃法

· 秘诀1

高糖分的食物最后吃，请记住这个原则。淀粉、水果摆在蔬菜肉类之后吃，目的在于延缓血糖上升的速度，而且最后再吃可有效减少食用的分量，有助于达成控制体重的目标。

· 秘诀2

三餐都可以搭配淀粉，比较建议早餐跟午餐时搭配，也就是白天的时候补充淀粉最好；晚餐一样可以吃淀粉，不过可以视情况调整为晚餐不吃，瘦身的效果会更显著。

· 秘诀3

大量运动后可额外补充少许含糖食物，尤其是重量训练后，适当摄取一些糖分可使血糖上升、胰岛素分泌，帮助氨基酸进入骨骼肌细胞合成蛋白质，达到增加肌肉的功效，但这部分建议咨询专业健身教练或营养师后再执行。

· 秘诀4

一天有一餐吃到水果即可，早餐或午餐是最适合补充水果的时间点，换句话说，活动力跟代谢较好的白天吃水果，营养吸收跟代谢糖分的效果都较好。

• 秘诀5

水果跟淀粉不一定要同餐作搭配，因为两种食物同时在一餐出现很容易糖分超标，若早餐决定餐点当中有淀粉，可以将水果移到午餐作搭配；或是早餐吃过水果了，淀粉就调整成午餐或晚餐时再搭配。

减糖饮食内容分配及食用顺序范例

超简易三餐搭配原理

减糖瘦身时，三餐如何搭配常令许多新手感到困扰，其实搭配的原理非常简单，请先将这张图片基础示范记住，作为今后的参考指标。

这张图片中的食物组成内容是：

蔬菜：水煮西蓝花100g → 糖分1.3g、热量28千卡 [1千卡（kcal）=4.184千焦（kJ)]。

蛋白质：鸡胸肉排150g（加1小匙油香煎）→ 糖分0g、热量200千卡。

淀粉：全麦面包30g → 糖分13.5g、热量88千卡。

水果：苹果片30g → 糖分3.8g、热量15千卡。

总糖分：18.6g　　**总热量：**331千卡

· 减糖瘦身餐搭配要点

每餐蔬菜100～150g，蛋白质食物100～150g，先决定蔬菜及蛋白质食物分量，了解它们的糖分后，最后才搭配糖分较高的淀粉、水果或其他食物。一餐的糖分搭配≤20g，三餐加总的糖分在50～60g之间，总热量达到自身基础代谢率即可。

先学习以原形少加工的食物作搭配，用单纯的盐、胡椒调味，上手的速度其实超乎想象得快。

减糖搭配餐的好帮手——分隔餐盘与便当

· 分隔餐盘

了解基础搭配的要点后，接着请准备直径26～28cm的餐盘，挑选有感觉的器皿可以让用餐心情飞扬。有分隔的餐盘可将菜色分开摆放，既清楚明朗又能让用餐变成一种享受，有种“我要好好吃饭”的生活感，预示即将用心对待自己的身体。

在家用餐使用餐盘方便性高，还能帮助专注眼前餐盘中的餐点，避免在不清楚的情况下，夹取不必要的食物。在可以食用的减糖范围内，请将菜色填满餐盘，细细品尝，让自己获得饱腹感和元气，才能处理更多工作、让代谢活跃起来。

· 分隔便当

在家使用餐盘，外出或求学工作时不妨试着帮自己带减糖便当，有分隔的便当盒，能够加热或保温的耐用款式会很方便。想瘦身、获得健康，自己准备餐食是最好的方式，不过这部分先不要给自己压力，还是要以能够做到的范畴为优先，轻松愉快地执行才能养成好习惯，并持之以恒喔！

减糖三餐搭配原理

步骤1 先决定蔬菜分量，以深绿色蔬菜优先：

蔬菜每餐食用的重量至少100~150g，若觉得饱腹感不够可再追加100g，这是新鲜未煮，并去除不能食用的根蒂等部位后的重量。建议优先选择低糖、高营养价值的深绿色蔬菜（如菠菜、西蓝花、空心菜、地瓜叶、芥蓝菜等），其他不同颜色的蔬菜也建议纳入组合，帮助身体获取不同营养。

· 蔬菜重量每100g的糖分热量数值范围

蔬菜种类	含糖量(g)	热量(kcal)
绿色蔬菜 菠菜、白菜、芦笋、小黄瓜、卷心菜等	1～3	15～30
红橘紫色蔬菜 西红柿、胡萝卜、红黄甜椒、茄子等	2～6	18～40
白色蔬菜 豆芽、竹笋、洋葱、白花椰、白萝卜等	0～8	18～42
黑咖啡色蔬菜 菇类、木耳、牛蒡、海带等	2～14	30～85

三餐的蔬菜重量总和需达300～400g，如此一来，膳食纤维要达到一日25g的摄取目标就会很容易，适度添加油脂烹调也能帮助脂溶性维生素被吸收，多吃还能促进消化、避免便秘，所以请每餐先从多吃蔬菜开始。

步骤2 接着决定蛋白质分量：

充足摄取蛋白质含量丰富的食物（如肉、蛋、豆类、海鲜）对肌肉保持有帮助，无论选择的是植物或动物性蛋白质都可以，一餐建议食用的重量为100～150g之间，选择新鲜未煮熟、去除骨头及不可食用的部位后再称重。

其中肉和海鲜的糖分大部分都是0，只有少部分含有微量糖分。建议肉类可以安排在白天食用，晚上则选择糖分、热量都偏低的海鲜，另外适度安排一些蛋及豆类食物作搭配可让饮食更均衡，餐点的丰富度及变化性也随着提升。

· 蛋白质食物重量每100g的糖分热量数值范围

蛋白质种类	含糖量(g)	热量(kcal)
肉类 鸡、猪、牛、羊等	0～1.5	150～350
海鲜 鱼、虾、贝类、乌贼海产等	0～3	40～200
鸡蛋1个 鸭蛋1个	0.8 0.1	73 125
豆类 大豆、黑豆、毛豆、豌豆、豆腐制品等	1～18	50～300

虽然肉或海鲜的糖分极低，但别忘了蛋白质摄取不应过度，若是过量还会转化为热量囤积脂肪在体内的，请多加留意。

步骤3 剩余部分由淀粉、水果或其他食物补足:

先将每餐必须吃到的蔬菜和蛋白质食物依据基础原则决定分量，以每餐20g糖的基准去扣除它们的糖分，剩余才由淀粉、水果、杂粮等糖分较高的食物补足。

蔬菜和蛋白质食物的糖分多半都很低，但是淀粉和水果的糖分明显高出许多，所以食用的分量一定是前者高、后者少；食用的顺序也是先从糖分低、不易造成血糖快速上升的优先，最后吃糖分较高的食物，这样才能让血糖保持平稳。水果直接吃原形、不打汁是最佳的，淀粉也是吃原形而非加工的最好。

由于淀粉和水果的糖分数值偏高，建议初学者还是事先查询清楚并在食用前称重。但也不要因为糖质较高就避而不吃，适量摄取对营养的补充及身体代谢都会产生帮助。

不过要注意的是，一餐若吃了淀粉就不要再食用水果，原因是两者糖分都较高，建议可将这些糖质高的食物平均分配到三餐，奶制品、杂粮、饮料、汤品及其他食物也可加入组合变化，让营养摄取保持均衡。

三餐这样配，吃饱吃足照样瘦

了解减糖时的基础搭配原理后，来看看三餐的建议方向和标准示范：

一、早餐

建议吃较丰盛食物，丰盛指的是“质”好而非量多，以优质的蛋白质和蔬菜、奶类、油脂、多谷杂粮食物为主，想吃淀粉跟水果的话也尽量安排在早餐。若无太多时间准备的话，不妨选择一些市售产品作搭配。

二、午餐

可选择饱腹感佳、调味适中的食物，蛋白质含量多的食物搭配蔬菜、少量淀粉是较佳的组合。想自行准备便当的话，建议选择一些容易携带或是重复加热也美味的菜色。

三、晚餐

晚餐的糖分及热量摄取可以较白天减少一些，以海鲜、蔬菜及调味清淡的轻食料理为主，可补充一些汤品增加饱腹感。这餐吃或不吃淀粉都无妨，清爽无负担的食物是晚餐很好的选择。

〔减糖小叮咛〕*Note*

掌握每餐≤20g糖，三餐总和为50～60g糖后会发现，每餐的热量自然会落在300～550千卡之间。不再什么食物都只敢选择低卡或水煮，烹调的自由度提升，每天都可轻松吃饱、吃足，能够持之以恒的奥秘就来自于此。

示范❶ **美好减糖早餐：**

· 蔬菜：蒸烤西蓝花（请参考P.76）
· 蛋白质：香草松阪猪（请参考P.88）
· 淀粉：万用比萨饼（请参考P.62）

总糖分：19.5g ／ **总热量：495千卡**

示范❷

活力减糖午餐：

- 蔬菜：油醋甜椒（请参考P.108）、芥末秋葵（请参考P.114）
- 蛋白质：炙烤牛小排（请参考P.138）
- 淀粉：糙米饭20g（请参考P.58）

总糖分：19.7g ／ 总热量：481千卡

示范❸ **轻食减糖晚餐：**

- 蔬菜：小鱼金丝油菜（请参考P.150）
- 蛋白质：居酒屋风炙烤花枝杏鲍菇（请参P.174）
- 淀粉：糙米饭30g（请参考P.58）

总糖分：19.3g ／ 总热量：320千卡

以上三餐加总的 **糖分：58.5g ／ 热量：1296千卡**

充分明白减糖三餐的搭配原则后，可在外食和自行料理时更快掌握用餐内容，想知道如何活用可以参考本书“14天外食与在家料理搭配示范”及之后72道的食谱。食谱内容根据现代人饮食习惯，以最适合瘦身的三餐调配设计安排，各食谱可以任意搭配组合，展现无限的变化。

营养师来解惑！
减糖期间容易碰到的问题

泰安医院营养师　李锦秋

Q1：食谱中的食材分量请问是一开始称还是煮完再称呢？

A：全都是料理前先称喔！蔬果请清洗后将不可食用的梗、蒂、壳、籽等部位去除后再称，不用担心煮好后食材缩水变轻，这是正常的。

Q2：遇到包装没有营养标示或是食品药物管理署网站查询不到的食材请问该怎么办？（例如：面包店的红豆面包、小吃摊的大肠面线）

A：减糖时什么都可以吃，但执行初期建议以原形、未加工、单纯的食物为主。若遇到真的很想吃却又查不到营养成分的情况时，建议可以参考类似食材，例如：市场购入的黑米是与糙米营养成分相近的米种，这时可以用糙米的营养标示作为参考依据。

Q3：糖分很低的食物可以大量吃吗？

A：减糖时看到肉或海鲜这类食物的糖分极低，很容易产生“狂吃这些就不用怕嘴馋或肚子饿”的想法，但是“再好的食物也不该一直吃”，各营养素都有每天需要的量，吃过多会转化成热量囤积形成肥胖，还是要注重饮食均衡、搭配不同食物才能帮助脂肪燃烧。

Q4：请问可以喝粥吗？

A：减糖没有限制吃的食物，但请注意粥中的淀粉糊化后，会让糖分变成小分子的糖，不仅血糖升得快还会更容易被人体吸收，建议以糙米饭取代粥是较好的方式。

Q5：餐与餐之间觉得饥饿的时候怎么办？请问如何止饥饿？

A：减肥时难免会遇到饿到受不了的时候，这时不用勉强，在餐与餐之间可以补充少量水煮蛋、无调味坚果、无糖豆浆、低盐水煮毛豆解馋，食用时细嚼慢咽并搭配饮水，饥饿感就会大幅减低。

Q6：男生跟女生的减糖方式有区别吗？

A：没有区别，糖分的控制都是一样的，只要注意热量需超过自己的基础代谢率。

Q7：生理期可以减糖吗？

A：月经来时一样可以减糖，这时不需要大补特补甚至喝黑糖水、吃巧克力，注意避免食用生冷食物即可。

Q8：哪些情况不能减糖？

A：a. 糖尿病、心血管疾病、肾脏病不适合低糖饮食：使用低糖饮食的同时，会拉高蛋白质和油脂摄取的比例，对于已有慢性病的朋友可能会造成脏器的负担。

b. 发育中的幼儿与青少年：有相关的研究证据指出，低糖饮食会影响发育。

c. 怀孕或哺乳的妇女：怀孕妇女不适合减肥，哺乳时期的妈妈也需要充足的营养以备哺乳，请保持营养均衡，可以少吃添加精制糖的食物，但是千万不要在这期间进行减肥。

Q9：吃素也可以减糖吗？不能吃荤该用什么替代呢？

A：当然可以，不吃海鲜、肉类也可以改用豆类、蔬菜、奶蛋（蛋奶素食者适用）、坚果、水果、植物萃取的油脂等作搭配，调味部分不妨多以简单清淡为主，或添加昆布炖的高汤去变化，吃素一样可以愉快减糖。

Q10：为什么减糖之后会便秘呢？

A：会这样有很多因素，但大部分便秘的人是因为饮水及运动量严重不足、膳食纤维摄取太少，更多人是因为不敢吃含油食物、时常水煮烹调，导致肠道缺乏油脂润滑而造成蠕动不佳，自然就容易便秘。而减糖与过去只注重减少热量的瘦身观念全然不同，减糖是可以摄取适量好油脂及坚果等食物的。

Q11：请问减糖会减到胸部吗？

A：只要减肥期间有均衡营养、蛋白质也有好好补充，基本上对胸部尺寸的影响不大。但肥胖的时候胸部脂肪也会跟着囤积，减肥导致罩杯缩小一些是正常的，若减少过多，则很可能是饮食内容不正确。

Q12：减糖遇到停滞期是正常的吗？为了突破停滞我可以再减低糖分跟热量吗？

A：无论任何减肥都会遇到停滞期，减糖也不例外，停滞是身体正常的生理保护机制，这是减糖过程中一定会遇到的考验，想突破请继续坚持！不能吃更少或用不健康的方式，否则长期下来搞垮基础代谢后，可是会更容易复胖，甚至还会影响到健康，得不偿失喔！

〔 本书使用方式 〕

新手快速上手的准备要领、帮家人一起准备的省力诀窍

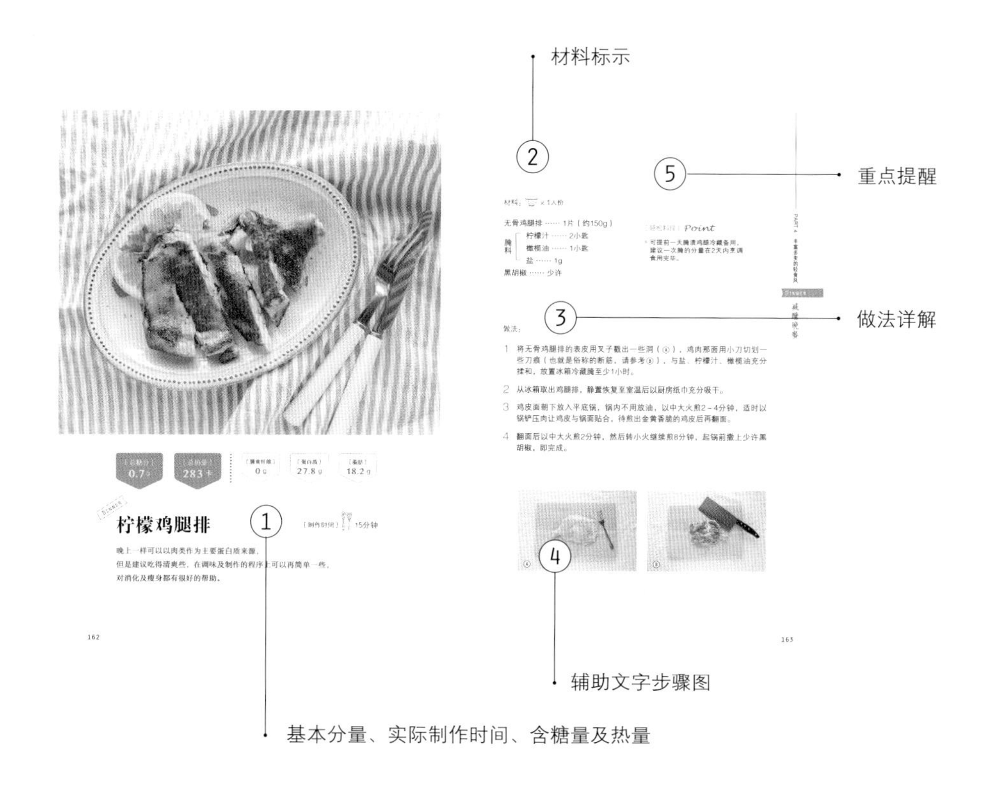

① 基本分量、实际制作时间、含糖量及热量标示：

每道食谱的分量基本都是以新鲜制作的一人份做示范，少部分才是多人份。例如，适合一次多量制作或是较耐存放的料理。示范的食谱之间全都可以根据本书“超简易三餐搭配原理”的说明自由搭配，同时标示出实际投入制作的时间（洗切及加热的时间不列入计算），并标示每一份的含糖量和热量，至于更详细的营养标示请参考“附录2：食谱营养成分速查表”。

减糖三餐及淀粉食物食谱都建议新鲜制作风味最佳，其中午餐因考量多数人自己带便当的需求，而特别设计为提前制作成常备菜也很适合的菜色。

② 材料标示：

1小匙＝5ml、1大匙＝15ml，其他几乎都是以克数表示，材料都是生食的状态就先称重，需去除掉不能食用的部位（如梗、蒂、根、籽、枯烂部分等）洗净沥水后才称重，但鸡翅、蛤蜊等，没有特别标示要去除不可食用的骨、壳部分的食材，请直接依据材料标示称出需要的重量。

③ 做法详解：

请先浏览一次做法后，按照步骤的顺序制作。

④ 辅助文字步骤图：

有些做法全以文字说明会较难理解清楚，会针对初学者较难懂的步骤制作辅助说明的图片。

⑤ 重点提醒：

遇到有需要一些烹饪技巧的食谱会额外标注重点提示，参考后能帮助做出美味的料理，针对适合保存的料理，也会特别标出存放的方式及时间。

帮全家人一起准备的省时、省力诀窍

本书设计的食谱以一人份为基础，单纯的内容、简易的做法，设计的出发点是为了让初学者快速掌控。建议一开始先参考食谱的分量制作、搭配，等熟悉后若有帮其他人准备的需求时，再加倍制作。

食谱全是成人小孩都适合吃的菜色，没有减肥需求一样可以吃，发育中的孩子或不需要瘦身的人不用特别限制分量，还可提升餐点中的淀粉、水果

等糖分较高的食物。也就是日常所吃的三餐全都可依照本书食谱去制作搭配，只要在分量上做增减调整，让家人在无形中一起养成减糖的饮食习惯，享受更健康的生活。

· 标准套餐

例如这是减糖套餐的标准搭配，糖分控制在20g以内。

· 非减糖套餐

这是餐点内容看似相近、但是替不用减糖的家人搭配的。餐盘中减糖面包和蛋白质的量都增加，整体糖分在32g左右。

先从一人份的减糖料理开始熟悉，之后即便制作多人份也能立即区分出需要的分量。愉快的是，可以与大家一同快乐用餐而不觉得自己很特殊，瘦身的心情完全不受影响。

〔减糖小叮咛〕*Note*

如果一次煮多人份，怕煮好后分菜分得不够精准的话，请记住一个大原则：除了淀粉需要仔细称重外，其他全可以用肉眼区分，因为肉、海鲜、蔬菜等的糖分通常都不高，不小心多吃了一些也不用担心。

14天外食与家庭料理搭配示范

无论是自行料理或外食，请先将这14天坚守住：前7天是摸索期，后7天再坚定好习惯。请每一餐都依据减糖原则执行，拒绝不适当的宵夜或聚餐。

持续均衡饮食，安心渡过停滞期

不是只要执行14天就从此不用继续，而是在这段时间充分体验，才能发现过去的饮食方式出了什么问题。在认真执行的状况下会发现：长期以来囤积体内的脂肪，初期消灭的速度是最快的，这代表过去饮食不当或因过度的糖量摄取，导致脂肪随着过度堆积。

减糖的成效通常在一至两个月内最明显，之后减脂速度趋缓是正常的，因为已经消耗了过度累积的脂肪，身体会渐渐开始适应，这时候只要持续减糖，就会循序渐进再看到效果。

一些期待短期内速瘦十几二十千克的人或许会想："我还以为会一直瘦得这么快！"但是健康饮食本来就不会让体重直线滑落，相关卫生部门表示："每周减少0.5～1kg是较合理的速度。"美国国家糖尿病、消化与肾脏病协会也曾提出："无论想瘦几千克，可行的目标和缓慢的做法才能真正地减肥和维持。"

〔减糖小叮咛〕*Note*

如果遇到减肥时正常的生理状态——停滞期也别担心，只要持续稳定均衡饮食，多提升代谢，就会不断地朝目标前进。

外食多选烹调简单的食物最安心

接下来，将以一日三餐示范14天的减糖搭配，包含外食与在家料理的多种变化。外食部分主要以日常常见的小吃、外卖、餐厅料理及市售食品等做示范。外食不像自己料理容易掌控调配，难以明确知道每种材料和调味品放的分量，但只要选择时不偏离减糖原则太多，尽量挑选烹调方式及调味都较单纯的餐点，无论是忙碌或下厨感到疲劳时，都可以作为舒缓。

在家料理的部分，由本书的淀粉食物制作，减糖早、午、晚餐食谱示范如何搭配。时间足够的话还是推荐自己做减糖餐，成分、调味都经过控制，瘦身的效果是最好的。搭配时若遇到热量没有达到自己基础代谢率的情况，可以在烹调时增加一些油脂，或是在三餐之间补充少许无调味坚果作为点心。

制作减糖餐时，请参考书中食谱步骤一个一个地做；但在搭配餐点时，一道道食谱翻来覆去计算糖分热量会不方便，考量执行的便捷度，书中很贴心地在附录中列出了所有食谱的营养成分速查表，在搭配餐点的时候，不妨下载这份简表做参考，以有效提升组合餐点的效率，让减糖过程更加轻松。

减糖过程中别忘了保持愉快心情，这对瘦身很有帮助。接着快来参考内容，试着调配看看，展开你活力充沛的14天减糖冲刺吧！

	第1天	第2天
减糖早餐	〔**便利商店**〕 1 凯萨沙拉1份佐凯萨沙拉酱：糖分13.8g、热量216千卡 [1千卡（kcal)=4.184千焦（kJ）] 主要食材有美生菜、萝蔓叶、胡萝卜、面包丁、干酪粉、芥末籽酱、大豆油等 2 茶叶蛋1个：糖分1g、热量80千卡 3 无糖黑豆豆浆1罐450ml：糖分5.2g、热量142千卡 ◆ 总糖分：20g ◆ 总热量：438千卡	1 蒸烤西蓝花1份 P.76 2 鸡蛋沙拉1份 P.98 3 迷迭香海盐薯条1份 P.61 ◆ 总糖分：17.5g ◆ 总热量：313千卡 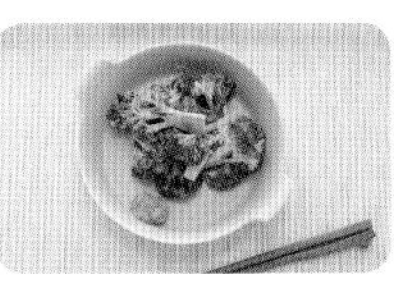  
减糖午餐	1 油醋彩椒1份 P.108 2 鹅油油葱卷心菜1份 P.110 3 台式猪排1份 P.134 4 熟糙米饭20g P.58 5 冷泡麦茶500ml P.147 ◆ 总糖分：19.9g ◆ 总热量：421千卡    	〔**速食店**〕 1 黄金炸虾堡1份：糖分17.5g、热量250千卡 主要食材内容有虾肉、面包粉、卷心菜、莴苣、塔塔酱、油 2 带骨香肠1份：糖分2.2g、热量209千卡 3 无糖热红茶1杯：糖分0g、热量0千卡 ◆ 总糖分：19.7g ◆ 总热量：459千卡  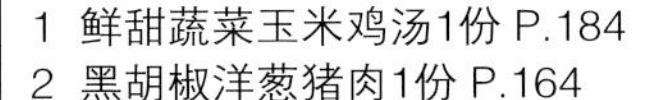
减糖晚餐	1 青葱西红柿炒秀珍菇1份 P.154 2 速蒸比目鱼1份 P.168 ◆ 总糖分：12.5g ◆ 总热量：405千卡  	1 鲜甜蔬菜玉米鸡汤1份 P.184 2 黑胡椒洋葱猪肉1份 P.164 ◆ 总糖分：20.1g ◆ 总热量：356千卡  
三餐总糖分	三餐糖分：52.4g 三餐热量：1264千卡	三餐糖分：57.3g 三餐热量：1128千卡

	第3天	第4天
减糖早餐	1 西红柿西葫芦温沙拉1份 P.77 2 神奇软嫩渍鸡胸肉片1份 P.84 3 烤南瓜1份 P.60 · 总糖分：13.7g · 总热量：339千卡  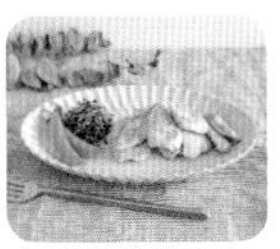 	〔超市冷藏冷冻食物〕 1 微波冷冻四色蔬菜50g：糖分4g、热量23千卡 2 水煮蛋2个：糖分1.6g、热量158千卡 3 微波火腿3片：糖分4.8g、热量72千卡 4 全脂鲜奶200ml：糖分9.6g、热量126千卡 · 总糖分：20g · 总热量：379千卡 
减糖午餐	1 橙渍白萝卜1份 P.109 2 芥末秋葵1份 P.114 3 韩式泡菜猪肉1份 P.132 4 熟糙米饭20g P.58   · 总糖分：18.3g · 总热量：548千卡  	1 凉拌香菜紫茄1份 P.118 2 乳酪鸡肉卷1份 P.128 3 烤南瓜1份 P.60 4 茭白笋味噌汤1份 P.144  · 总糖分：19.4g · 总热量：493千卡    
减糖晚餐	〔小吃〕 1 烫地瓜叶淋油葱酱1份：糖分5.8g、热量138千卡 2 烫鱿鱼佐芥末酱油膏1份：糖分11.9g、热量115千卡 3 猪隔间肉汤1份：糖分1.3g、热量149千卡 · 总糖分：19g · 总热量：402千卡 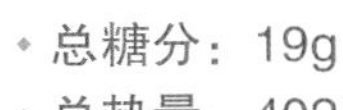  	1 鲜甜蔬菜玉米鸡汤1份 P.184 2 蒜苗盐香小卷1份 P.182 · 总糖分：18.5g · 总热量：323千卡  
三餐总糖分	三餐糖分：51g 三餐热量：1289千卡	三餐糖分：57.9g 三餐热量：1195千卡

	第5天	第6天
减糖早餐	1 油醋绿沙拉1份 P.78 2 鸡蛋沙拉1份 P.98 3 苹果地瓜小星球 P.90 4 温柠檬奇亚籽饮 P.103  ◆ 总糖分：18.4g ◆ 总热量：340千卡   	1 清蒸时蔬佐和风酱1份 P.82 2 青葱炒肉1份 P.86 3 燕麦豆浆1杯 P.101 ◆ 总糖分：18.1g ◆ 总热量：471千卡 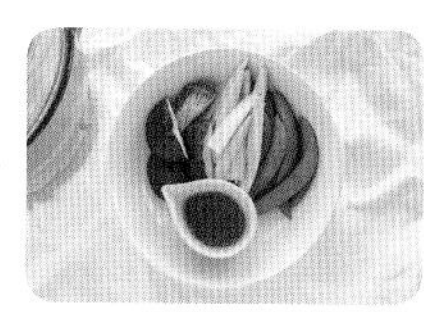  
减糖午餐	〔小吃〕 1 润饼1份不加糖粉：糖分18g、热量210千卡 主要食材有卷心菜、豆芽菜、蛋丝、肉、菜脯、花生粉、海苔粉、油、润饼皮等。 2 鸡汤1份：糖分1.6g、热量190千卡 主要食材有鸡腿肉、水参、红枣、姜片等。 ◆ 总糖分：19.6g ◆ 总热量：400千卡 	1 三杯豆腐蘑菇时蔬1份 P.116 2 盐葱豆腐1份 P.140 3 樱花虾海带芽汤1份 P.146 ◆ 总糖分：20.7g ◆ 总热量：392千卡   
减糖晚餐	1 奶油香菇芦笋烧1份 P.158 2 盐烤三文鱼1份 P.170 3 熟糙米饭20g P.58 ◆ 总糖分：15.7g ◆ 总热量：430千卡   	〔火锅餐厅聚餐〕 1 海鲜日式涮锅1份（不加饭、面、冬粉）：糖分19.7g、热量360千卡 主要内容为蔬菜、鲷鱼、虾子、豆腐、玉米、南瓜、芋头、金针菇、火锅料等（高汤请选择日式清汤、少调味的汤头，火锅料、地瓜、芋头请分给同桌聚餐的亲友或外带。最好不蘸取调味酱） 2 无糖黑豆茶1杯：糖分0.1g、热量0千卡 ◆ 总糖分：19.8g ◆ 总热量：360千卡 
三餐总糖分	三餐糖分：53.7g 三餐热量：1170千卡	三餐糖分：58.6g 三餐热量：1223千卡

	第7天	第8天
减糖早餐	〔超市茶包、冷藏冷冻食物〕 1 小西红柿100g：糖分5.2g、热量35千卡 2 荷包蛋2个(含油1小匙)：糖分1.6g、热量192千卡 3 冷冻薯饼1枚：糖分13.5g、热量99千卡 4 红茶茶包冲泡热茶1杯：糖分0g、热量0千卡 • 总糖分：20.3g • 总热量：326千卡	1 姜煸红椒油菜花1份 P.79 2 香草松阪猪1份 P.88 3 微笑全麦佛卡夏1个 P.66 • 总糖分：19.8g • 总热量：493千卡
减糖午餐	1 椒麻青花笋1份 P.120 2 蒜片牛排1份 P.136 3 烤南瓜1份 P.60 • 总糖分：17.6g • 总热量：504千卡	〔自助餐〕 1 炒青江菜1份：糖分1.7g、热量38千卡 2 炒胡萝卜玉米笋豌豆荚1份：糖分6.2g、热量72千卡 3 炒木耳美白菇1份：糖分2g、热量47千卡 4 蒜泥白肉约80g：糖分4.1g、热量316千卡 5 卤蛋1个：糖分4.6g、热量74千卡 6 无糖黄金乌龙手摇茶1杯：糖分0g、热量0千卡 • 总糖分：18.6g • 总热量：547千卡
减糖晚餐	1 韩式泡菜蛤蜊鲷鱼锅1份 • 总糖分：18.9g • 总热量：393千卡	1 居酒屋风炙烤花枝杏鲍菇1份 P.174 2 熟糙米饭20g P.58 3 麻油红凤菜汤1份 P.187 • 总糖分：16.3g • 总热量：220千卡
三餐总糖分	三餐糖分：56.8g 三餐热量：1223千卡	三餐糖分：54.7g 三餐热量：1260千卡

	第9天	第10天
减糖早餐	1 奶油蘑菇菠菜烤蛋盅1份 P.94 2 蜂蜜草莓优格杯1份 P.99 3 红茶欧蕾1份 P.100 ◆ 总糖分：16.8g ◆ 总热量：416千卡 	〔连锁早餐店〕 1 熏鸡沙拉1份：糖分14.6g、热量339千卡 主要食材有烟熏鸡肉、生菜、苜蓿芽、甜玉米粒、鸡蛋沙拉等 2 美式黑咖啡1杯（250ml）：糖分0.8g、热量5千卡 ◆ 总糖分：15.4g ◆ 总热量：344千卡 
减糖午餐	1 西芹胡萝卜烩腐皮1份 P.122 2 熟糙米饭20g P.58 3 樱花虾海带芽汤1份 P.146  ◆ 总糖分：16.5g ◆ 总热量：413千卡 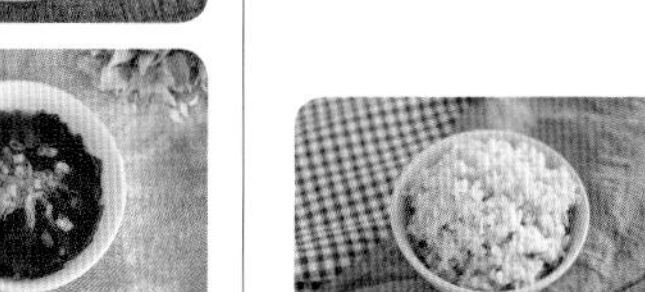	1 XO酱煸四季豆1份 P.124 2 豆腐汉堡排1份 P.142 3 熟糙米饭20g P.58 4 冷泡麦茶500ml P.147 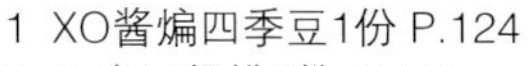 ◆ 总糖分：18.5g ◆ 总热量：346千卡 
减糖晚餐	〔日式家庭餐馆〕 1 芦笋手卷1份：糖分5g、热量124千卡 2 综合生鱼片（约150g）佐萝卜丝、山葵酱油1份：糖分6.5g、热量252千卡 3 味噌豆腐汤1碗：糖分6g、热量96千卡 ◆ 总糖分：17.5g ◆ 总热量：472千卡 	1 姜煸蘑菇玉米笋1份 P.152 2 毛豆虾仁1份 P.178 3 熟糙米饭30g P.58 ◆ 总糖分：18.5g ◆ 总热量：361千卡 
三餐总糖分	三餐糖分：50.8g 三餐热量：1301千卡	三餐糖分：52.4g 三餐热量：1051千卡

	第11天	第12天
减糖早餐	1 水煮蛋牛肉生菜沙拉1份 P.80 2 燕麦豆浆1杯 P.101 ◆ 总糖分：17.7g ◆ 总热量：449千卡	1 培根西蓝花螺旋面1份 P.96 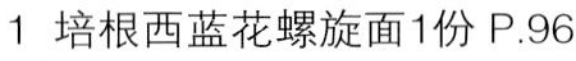 2 太阳蛋1份 P.91 3 红茶欧蕾1份 P.100 ◆ 总糖分：16.5g ◆ 总热量：391千卡  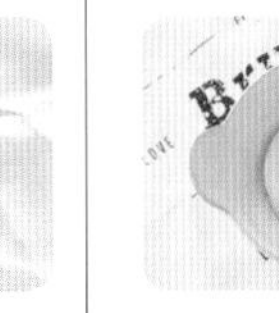 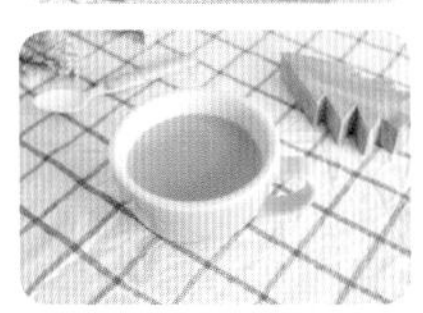
减糖午餐	〔便利商店〕 1 火腿洋芋沙拉1份：糖分9.2g、热量69千卡 2 微波香草烤鸡腿1份：糖分7.6g、热量187千卡 3 微波蒸蛋1份：糖分2.3g、热量78千卡 ◆ 总糖分：19.1g ◆ 总热量：334千卡 	1 宫保鸡丁1份 P.126 3 熟糙米饭40g P.58 4 茭白笋味噌汤1份 P.144 ◆ 总糖分：19.3g ◆ 总热量：320千卡   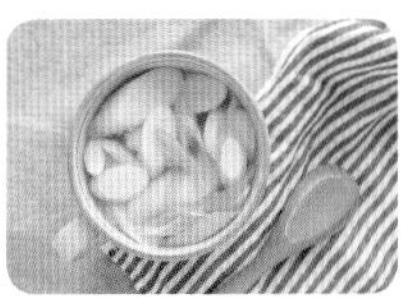
减糖晚餐	1 木耳滑菇炒青江菜1份 P.160 2 椒盐鱼片1份 P.172 3 熟糙米饭20g P.58 ◆ 总糖分：18.9g ◆ 总热量：379千卡   	〔平价铁板烧〕 1 香芹洋葱炒花枝（不点饭）1份：糖分12g、热量168千卡 2 炒卷心菜1份：糖分4.2g、热量70千卡 3 炒豆芽菜1份：糖分3.4g、热量71千卡 4 清汤1碗：糖分0.4g、热量62千卡 ◆ 总糖分：20g ◆ 总热量：371千卡 
三餐总糖分	三餐糖分：55.7g 三餐热量：1162千卡	三餐糖分：55.8g 三餐热量：1082千卡

	第13天	第14天
减糖早餐	〔市售冷藏冷冻食品及冲调饮品〕 1 微波冷冻西蓝花100g：糖分1.1g、热量25千卡 2 微波冷冻豌豆50g：糖分4.2g、热量36千卡 3 美奶滋2小匙：糖分1.3g、热量65千卡 4 包装温泉蛋1个：糖分1.4g、热量53千卡 5 无糖黑谷坚果冲调谷麦粉1包：糖分12.2g、热量101千卡 • 总糖分：20.2g • 总热量：280千卡 	1 蒸烤西蓝花1份 P.76 2 嫩滑欧姆蛋1份 P.92 3 神奇软嫩渍鸡胸肉片1份 P.84 4 胚芽可可餐包1个 P.70 • 总糖分：18.7g • 总热量：445千卡 
减糖午餐	1 鹅油油葱卷心菜1份 P.110 2 辣拌芝麻豆芽1份 P.112 3 黑胡椒酱烤鸡翅1份 P.130 4 熟糙米饭30g P.58 • 总糖分：18.9g • 总热量：461千卡 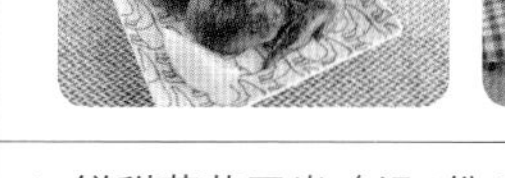	〔中式餐馆〕 1 炸排骨半份：糖分3.5g、热量208千卡 2 西红柿豆腐蛋花汤1份：糖分13.8g、热量312千卡 • 总糖分：17.3g • 总热量：520千卡 
减糖晚餐	1 鲜甜蔬菜玉米鸡汤1份 P.184 2 蒜辣爆炒鲜虾1份 P.176 • 总糖分：16.9g • 总热量：316千卡 	1 冷拌蒜蓉龙须菜1份 P.156 2 青蒜鲈鱼汤1份 P.188 • 总糖分：19g • 总热量：423千卡 
三餐总糖分	三餐糖分：56g 三餐热量：1057千卡	三餐糖分：55g 三餐热量：1388千卡

STARCH

PART 1

米饭与淀粉控的救星

淀粉类食物制作与保存

减糖时没有任何食物是不能吃的，
淀粉、水果的糖分虽然比蔬菜、肉类高许多，
但在每天摄取的营养中还是必需的，以全谷、少加工、原形食物优先食用，
多选择高纤维含量的全麦或杂粮面包，就能轻松满足想吃淀粉的欲望喔！

糙米饭

〔制作时间〕 10分钟

糙米因为保留着胚芽和米糠，与精制的白米相比，
拥有大量修护身体的维生素B_1、B_2、E和多种矿物质，
膳食纤维也比白米高出6倍，可减少便秘、促进代谢，
对追求健康和注重身材的人来说，它还具有延缓餐后血糖上升的优点。

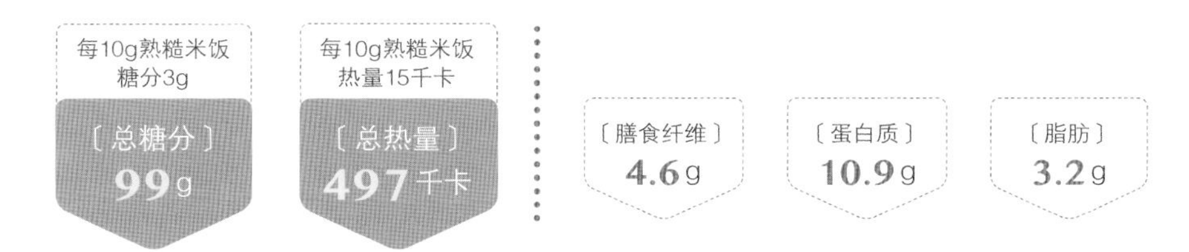

材料：×1人份

糙米…… 1米杯（生米约140g，煮熟后约330g）
水…… $1\frac{1}{2}$米杯

做法：

1 将1米杯的糙米先快速清洗一遍，沥除水分后再清洗两次，水分沥干，加进$1\frac{1}{2}$米杯的水浸泡1小时30分钟。

2 再次将浸泡的糙米水分沥除，加进1.5米杯水后放入电饭锅，选择糙米模式烹煮，煮好后闷10分钟再打开锅盖，用饭勺拨松米饭后即可盛装食用。

〔轻松料理〕Point

Ⓐ

* 大同电锅的糙米饭煮法：糙米仔细清洗后加$1\frac{1}{2}$米杯的水浸泡3小时，沥除水分再加$1\frac{1}{2}$米杯的水放入电锅，电锅外锅请加2米杯水，启动开关加热直至按键跳起。煮好后闷10分钟再打开锅盖，用饭勺拨松米饭后即可盛装食用。
* 减糖时食用的淀粉量不高，想将一时吃不完的米饭保存起来，最好的方式就是冷冻。若日后希望搭配餐点时能方便计算糖分，建议将煮熟的米饭以10g作为重量单位去称重，以手沾开水后抓取米饭可防止粘黏，请逐一称重再填入硅胶模的分格Ⓐ，这样密封冷冻可保存1个月。
* 除了糙米饭，藜麦饭、多谷米饭也是减糖时的好选择。

烤南瓜

〔制作时间〕 10分钟

南瓜是减糖时的好朋友，它本身有丰富的维生素C、E、β胡萝卜素，
所以抗氧化性很高，口感松软、滋味香甜，
以淀粉食物来说糖分适中，一餐约吃100g的分量再搭配其他食材就很有饱腹感。
减糖时可使用低糖分的南瓜，会比甜度高的栗子南瓜更适合。

〔总糖分〕	〔总热量〕	〔膳食纤维〕	〔蛋白质〕	〔脂肪〕
9.7g	71千卡	1.4g	1.7g	2.7g

材料：×1人份

南瓜…… 100g
橄榄油…… ½小匙
海盐…… 适量

做法：

1 南瓜洗净削皮后切开，用汤匙将籽刮除，将南瓜肉切成厚度约0.5cm的片状。

2 放进铺有烘焙纸的烤盘，将南瓜片铺上，刷上薄薄一层橄榄油，用小烤箱（或一般烤箱设定170℃）烤15～18分钟，出炉后撒上少许海盐即可食用。

Ⓐ 

〔轻松料理〕 *Point*

* 将南瓜全部切片，密封于保鲜盒内（Ⓐ），放冰箱冷藏可放3~5天，无论蒸、烤、加入沙拉或煮汤等烹调变化都可以，非常好运用。

STARCH

迷迭香海盐薯条

〔制作时间〕30分钟

减糖时除了多谷米外，
天然的根茎类食物（例如土豆、地瓜）都是很好的淀粉来源，
用来取代面包、馒头等，都是更佳的选择。

〔总糖分〕13.1g
〔总热量〕112千卡
〔膳食纤维〕1.2g
〔蛋白质〕2.2g
〔脂肪〕5.1g

材料：×1人份

土豆 …… 100g
迷迭香 …… 1枝
橄榄油 …… 1小匙
海盐 …… 少许

〔轻松料理〕Point

* 土豆可以一次煮好2~4个的分量，冷却后密封放入冰箱冷藏，要吃的时候再称出需要的分量香煎。
* 看土豆是否熟透，可以用筷子往土豆中央刺入，容易刺透就代表熟了，没熟的话，再继续煮5～10分钟。

做法：

1 土豆洗净削皮，整个放入小汤锅，加入盖过土豆约1cm高的冷水，大火煮滚后转中小火煮25分钟；也可以在电锅内蒸，外锅倒入一杯水蒸至开关跳起，即可取出。

2 煮好的土豆沥水，稍微放凉，再切成条状，称100g备用。

3 平底锅倒油，中火热锅后转小火，放入迷迭香煎出香气后取出。接着摆进土豆条，转中火，煎到表面呈现金黄色，撒上适量海盐，即完成。

万用比萨饼

〔制作时间〕30分钟

发酵过后的淀粉类食物较有饱腹感，如本书食谱示范的万用比萨饼皮和低糖面包。
虽然含有印象中糖分高的面粉，但由于配方内容不用精制糖，
改采用全麦面粉和高纤维的洋车前子谷粉融合，吃起来跟一般的比萨没有区别，
促进代谢及帮助健康的效果却能大幅提升！

〔总糖分〕	〔总热量〕	〔膳食纤维〕	〔蛋白质〕	〔脂肪〕
177.2g	885千卡	22.6g	31.3g	3.2g
1个糖分14.8g	1个热量74千卡			

材料：×12个

高筋面粉…… 160g
全麦面粉…… 75g
洋车前子谷粉……15g
盐…… 3g
赤藻糖醇 …… 15g
速发干酵母 …… 2g
水 …… 190ml

做法：

1 除了水以外，将所有材料加入调理盆，用手大致拨匀后再加入水（Ⓐ），先在盆内充分混合均匀（Ⓑ），大致成团后，再全部移到工作台或揉面垫上继续搓揉。

Ⓐ

Ⓑ

2 将面团搓揉成表面光滑的状态，整理成圆球状后放回调理盆（Ⓒ、Ⓓ）。

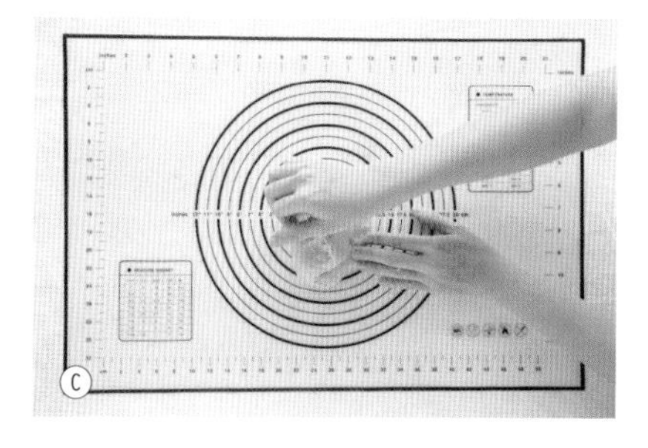
Ⓒ

Ⓓ

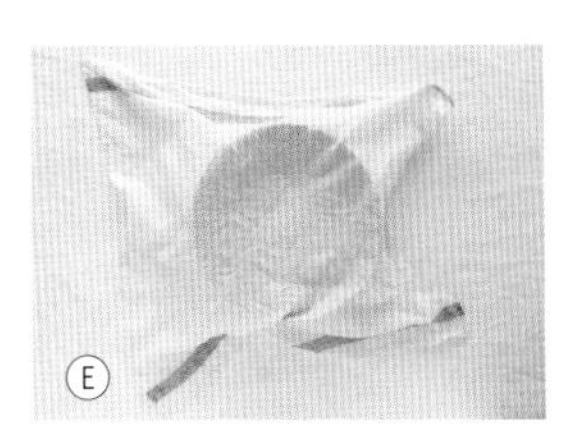

Ⓔ

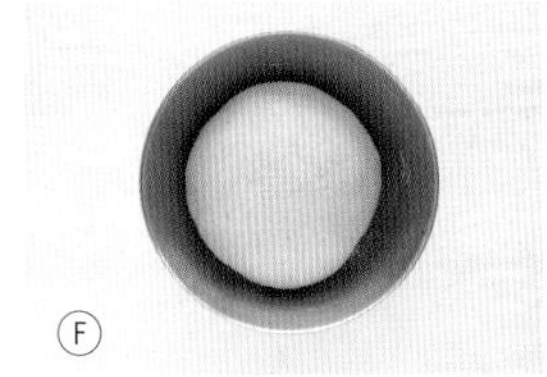

Ⓕ

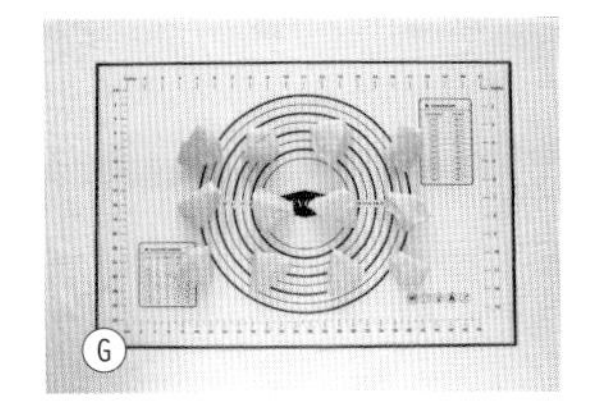

Ⓖ

3 在调理盆上覆盖一层拧干水分的湿布（Ⓔ），室温下发酵：室温低于30℃发酵3小时，室温高于30℃时约发酵2小时30分钟。

4 发酵好的面团是原本的2倍大（Ⓕ）。确认发酵是否成功，可以用食指沾少许面粉后在面团中央戳入，若是凹洞没有恢复弹回，就代表成功；缩回的话，请再延长一些发酵时间。

5 将面团从调理盆取出放到工作平台或揉面垫上，轻压面团排气后，以切面板分割成12个大小均一的小面团（Ⓖ）。操作过程中别忘了称重，这样才能让分割的面团重量相同，尤其初学者需更注重这一步骤。

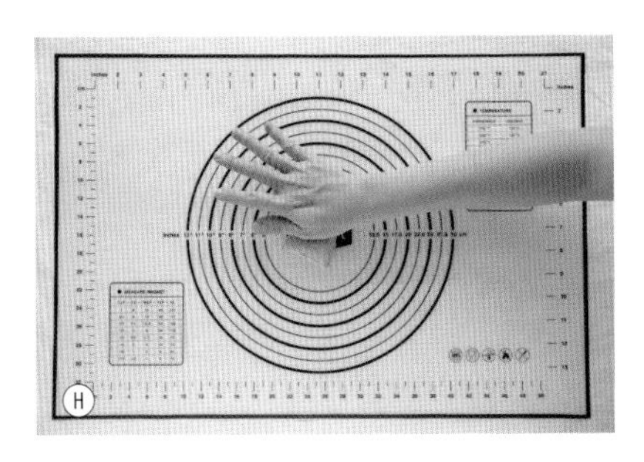

Ⓗ

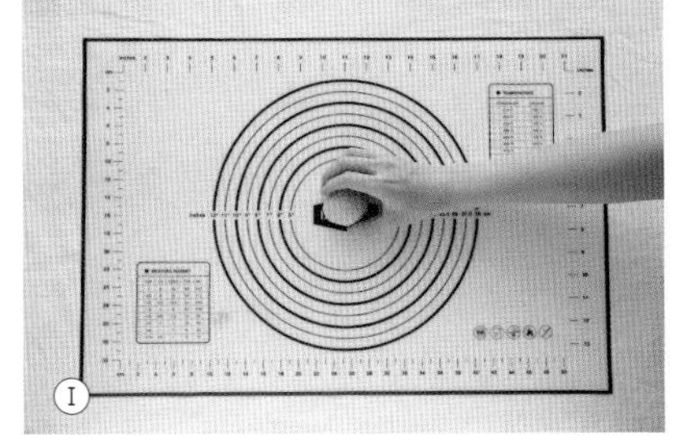

Ⓘ

6 每个小面团逐一用手掌轻压、排气后滚成圆球状。（Ⓗ、Ⓘ）

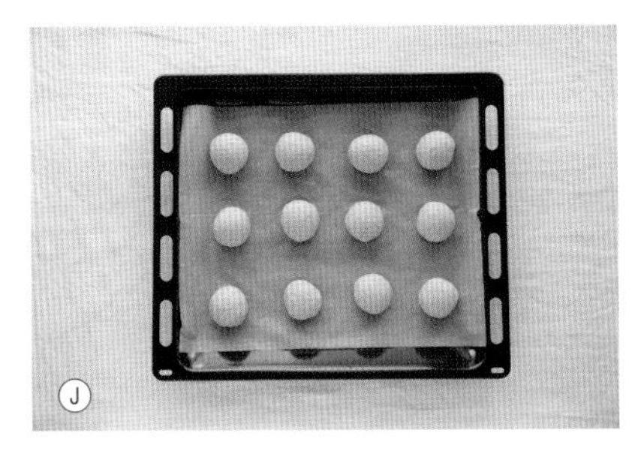

Ⓙ

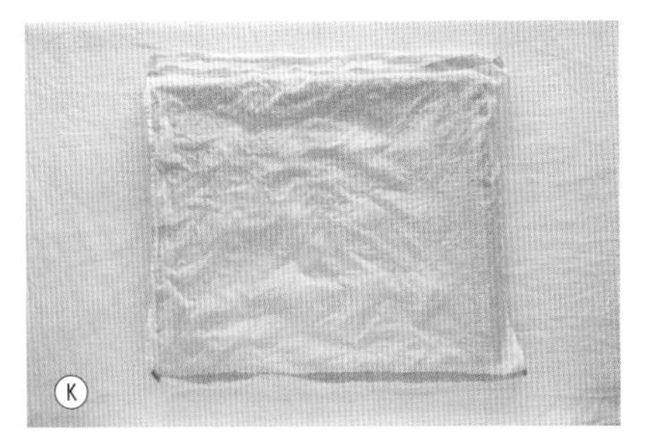

Ⓚ

7 所有滚圆好的面团都排在铺上一层烘焙纸的烤盘上，盖上一层拧干水分的湿布，静置室温中进行二次发酵，等待15分钟（Ⓙ、Ⓚ）。

8 发酵好的每个面团一一按压排气，用面棍擀成约4寸（1寸≈3.33cm）宽度的圆形饼皮（Ⓛ），然后逐一放回铺有烘焙纸的烤盘。

9 用叉子在每个比萨生面饼皮均匀戳洞，平均戳浅浅一层即可（Ⓜ）。

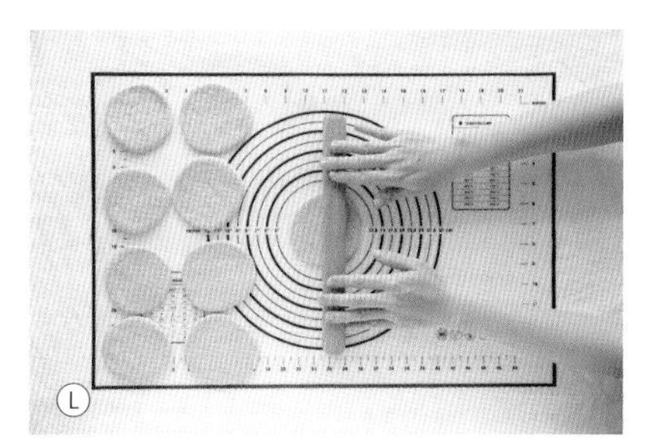
Ⓛ

Ⓜ

10 烤箱以210℃预热，要马上吃的话可直接涂番茄酱和撒起司丝（Ⓝ）。准备烤好后冷却冷冻备用的话，就直接将生饼皮送进预热好的烤箱内烘烤。

11 撒好配料要立即食用的比萨请以210℃烤8分钟，准备烤好冷却冷冻的饼皮只要烤4分钟即可出炉（Ⓞ）。冷却的饼皮密封后，冷冻可保存1个月，每次要吃的时候取出放置室温10分钟，再撒上配料和起司丝，送进小烤箱（或温度设定为200℃的烤箱）烤4～5分钟即可享用。

Ⓝ

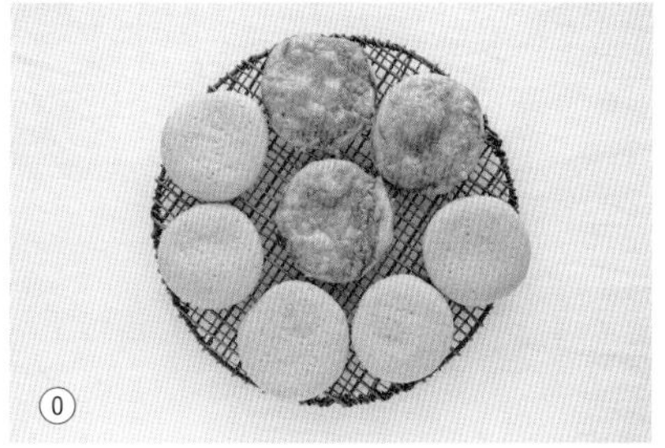
Ⓞ

〔轻松料理〕*Point*

* 这个比萨饼皮很适合初学者，只要手揉就能制作，发酵的程序也简化很多。可以加热后直接作为低糖面包，或取代班迪尼克蛋底下铺的英式玛芬面包食用，也可以依据喜好铺上喜欢的低糖分配料变化（例如玛格丽特比萨：每个抹番茄酱1小匙糖分1.2g、热量6千卡，撒1大匙起司丝糖分0.7g、热量48千卡，加上比萨饼皮本身总糖分16.7g、总热量128千卡），请发挥创意让口味变化万千吧！

* 赤藻糖醇（Erythritol）是一种天然代糖，具有清凉的甜味，是透过植物发酵取得的天然糖醇，零糖质、零热量，几乎不会引起血糖波动（Ⓐ）。

* 洋车前子谷粉（Psyllium）是纯天然植物纤维，吸水膨胀40～50倍，形成果冻状的黏稠物质，可软化粪便，避免便秘，以上皆可在有机商店或网上购买到（Ⓑ）。

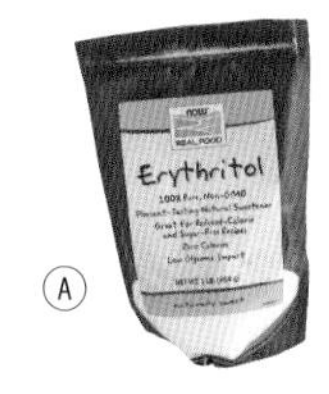

Ⓐ

Ⓑ

微笑全麦佛千卡夏

〔制作时间〕1小时15分钟

谁说减肥不能吃面包的？当然可以！一样可以吃货真价实的面包，
只要把好的淀粉跟谷粉融入，将精制糖用低升糖的赤藻糖醇替换，
运用少许酵母和延长发酵时间的方式，烘焙出来的成品反而比一般的面包更香Q美味。
注重比例，事先分好分量，一次做好保存，在用餐搭配跟计算糖分上都会变容易。

〔总糖分〕	〔总热量〕	〔膳食纤维〕	〔蛋白质〕	〔脂肪〕
170.8g	1104千卡	16g	32.2g	28.8g
1个糖分14.2g	1个热量92千卡			

材料：×12个

干粉
- 高筋面粉 …… 130g
- 全麦面粉 …… 100g
- 杏仁粉 …… 15g
- 洋车前子谷粉 …… 5g
- 盐 …… 3g
- 速发干酵母 …… 2g
- 赤藻糖醇 …… 8g

液体
- 橄榄油 …… 15ml
- 水 …… 195ml

橄榄油（分量外）…… 5ml

做法：

1 将干粉类的高筋面粉、全麦面粉、杏仁粉、洋车前子谷粉、盐、赤藻糖醇和速发酵母放入搅拌盆（Ⓐ），液体的橄榄油15ml和水另外注入量杯搅拌均匀备用（Ⓑ）。

Ⓐ

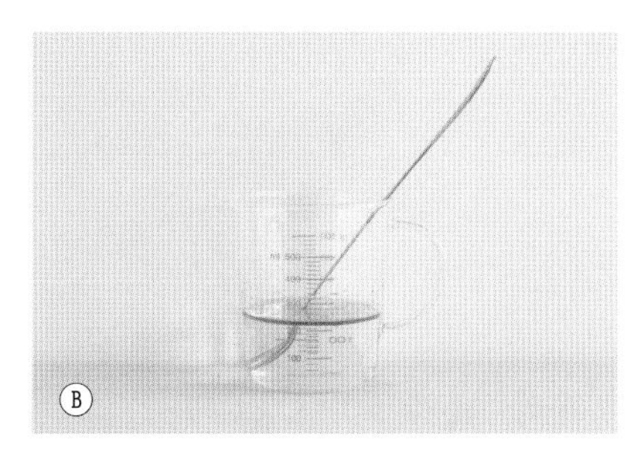
Ⓑ

2 将液体加入干粉中充分调拌（预留30ml左右的液体先不要全加入，视面团湿黏度再决定是否加入一起搅拌），接着用手或搅拌机拌揉成表面光滑的面团，完成面团的中心温度建议在25～27℃之间，然后将面团滚圆、收口向下，放进抹上一层薄油的调理盆（Ⓒ、Ⓓ）。

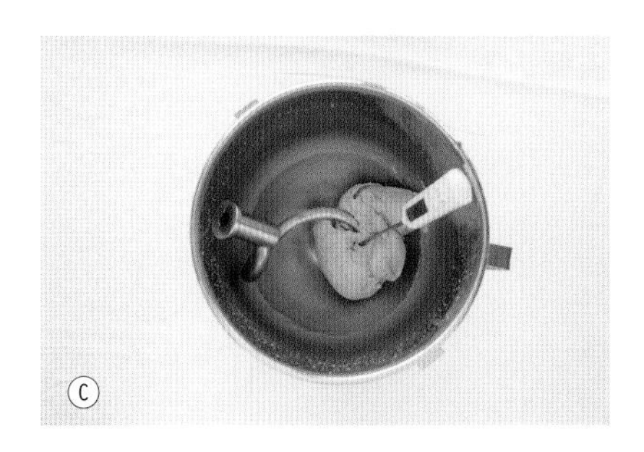
Ⓒ

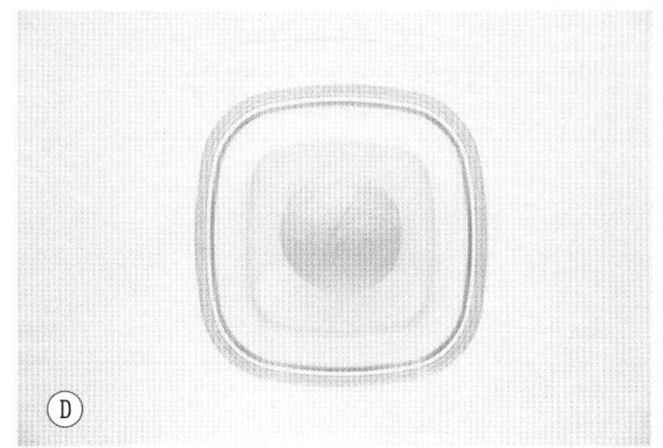
Ⓓ

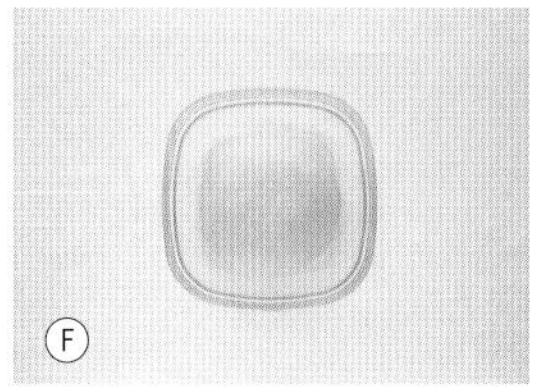

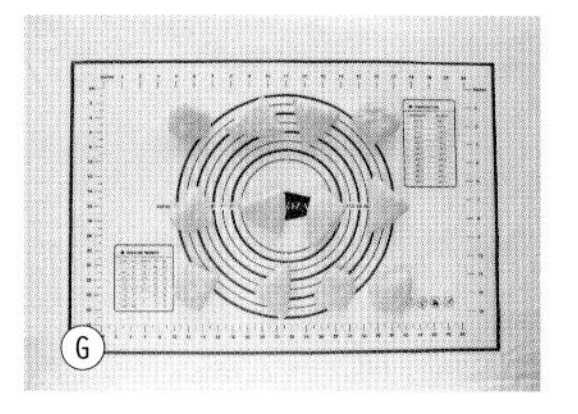

3 在放置面团的调理盆上，盖上一层拧干的湿布或直接盖上盖子（Ⓔ），静置室温中进行初次发酵：室温低于30℃发酵2小时30分钟，室温高于30℃时约发酵2小时。

4 发酵好的面团必须是原本的2倍大（Ⓕ）。确认发酵是否成功，可用食指沾少许面粉后在面团中央戳入，若是凹洞没有恢复弹回，就代表成功；缩回的话，请再延长一些发酵时间。

5 将面团从调理盆取出，放到工作平台或是揉面垫上，轻压面团排气后，以切面板分割成12个大小均一的小面团（Ⓖ），操作过程中别忘了称重，这样才能让分割的面团重量相同，初学者需特别注重这一步骤。

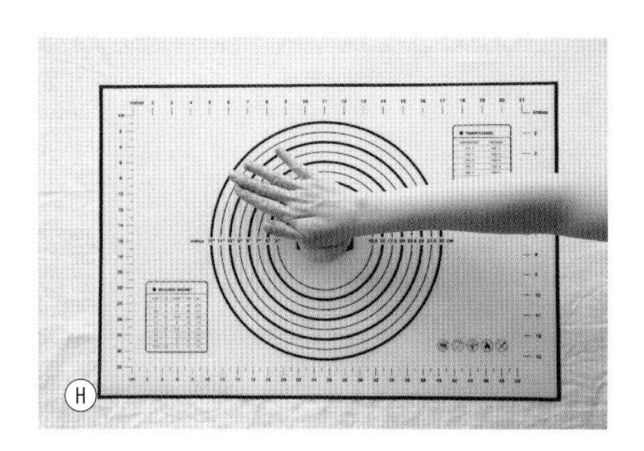

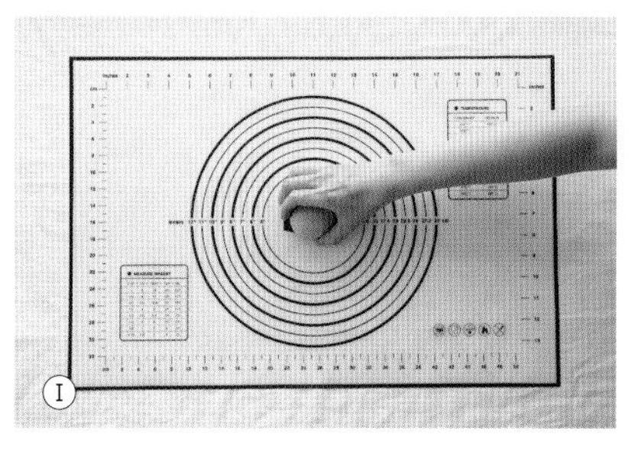

6 每个小面团逐一用手掌轻压、排气后滚成圆球状（Ⓗ、Ⓘ）。

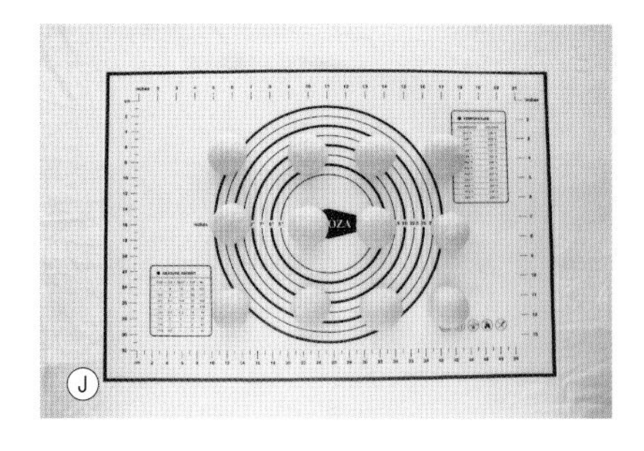

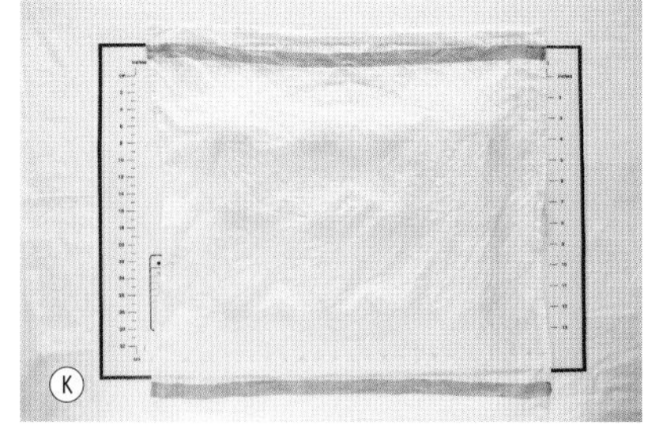

7 所有滚圆好的面团都排在工作台或揉面垫上，盖上一层拧干水分的湿布，静置室温中进行二次发酵，等待15分钟（Ⓙ、Ⓚ）。

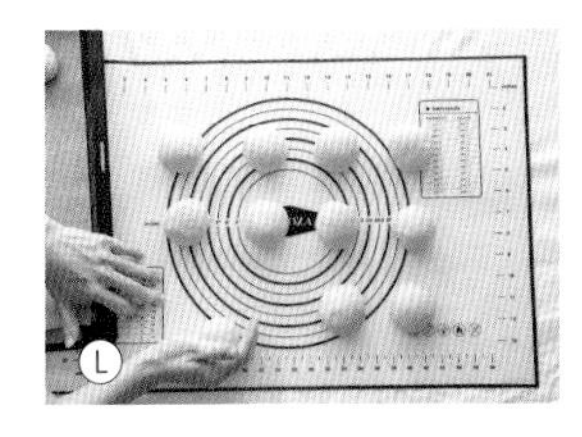
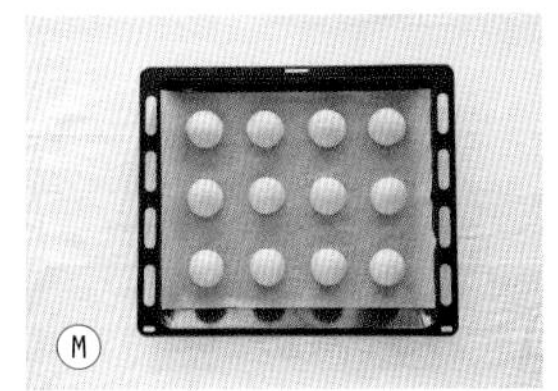
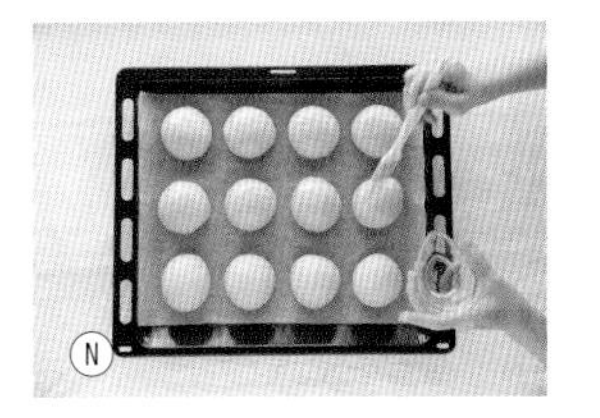

8 每个面团都再进行一次按压排气、滚圆的动作（Ⓛ），然后逐一排放到铺有烘焙纸的烤盘上，送进温暖环境（如具有发酵功能的烤箱，或放有温水的烤箱、微波炉或保丽龙箱）进行最后发酵，发酵约50分钟。这时建议的发酵环境温度35～38℃、湿度80%～85%最佳，发好的面团约是原本的2倍大（Ⓜ）。

9 烤箱以200℃预热，待烤箱预热时，在面团表面以油刷抹上薄薄一层橄榄油（Ⓝ），涂油时手的力道要轻柔。

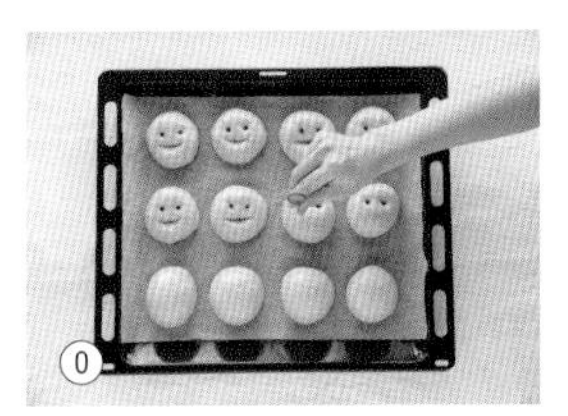
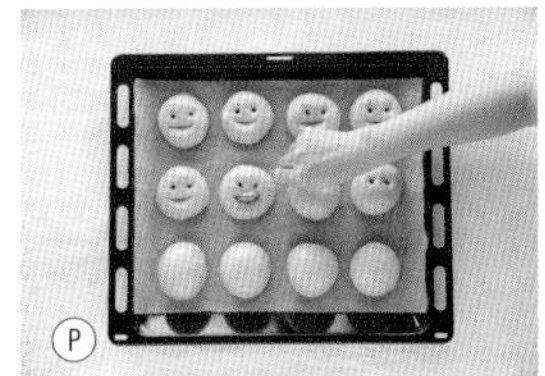

10 接着在每个面团上，用小拇指或汤匙柄戳两个洞代表眼睛，洞记得戳到接近面团的底部（Ⓞ）；再以弯弯的汤匙边压进面团作为嘴巴（Ⓟ），最后撒上少许海盐点缀（Ⓠ）。不想做表情图案的话，可直接用手指在面团上戳数个孔洞即可。

11 面团送进烤箱，以200℃烤14分钟，烘烤过程进行到一半时，可将烤箱内的烤盘方向对调一次，这样烤色会更均匀。面包必须烤到表面呈金黄色、底部也有一层鲜明金黄的烤色才可出炉（Ⓡ）。

〔轻松料理〕Point

* 冷却的面包可放入保鲜盒密封后进冰箱冷冻，保存时间可达1个月，要吃时取出放置室温10分钟，再放进烤箱加热数分钟即可享用（Ⓐ）。
* 杏仁粉在食品材料行或有机食品行几乎都买得到，请选择使用纯杏仁研磨、可冲泡式，成分不含任何精制糖和人工糊精等，额外添加杏仁粉（Ⓑ）。

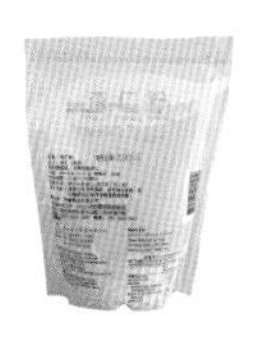

胚芽可可餐包

〔制作时间〕1小时15分钟

含有高纤与高营养成分的小麦胚芽、黄豆粉
和以天然枫糖浆取代砂糖烘焙的小餐包，微苦香甜，
口感非常柔软细致，直接搭配餐点或变化成迷你汉堡都很可口。

〔总糖分〕175.9g
1个糖分14.7g

〔总热量〕1323千卡
1个热量110千卡

〔膳食纤维〕13.2g

〔蛋白质〕43.3g

〔脂肪〕43g

材料：×12个

干粉
- 高筋面粉 …… 140g
- 全麦面粉 …… 70g
- 小麦胚芽 …… 25g
- 黄豆粉 …… 15g
- 无糖可可粉 …… 7g
- 盐 …… 3g
- 速发干酵母 …… 2g

枫糖浆 …… 20ml
水 …… 185ml
无盐奶油 …… 40g

做法：

1 将枫糖浆、水和无盐奶油以外的材料全加入调理盆（Ⓐ）。

2 先将调理盆内的干粉搅拌一下，然后加入水和枫糖浆，以手或搅拌机拌揉成表面大致光滑的面团（Ⓑ）。

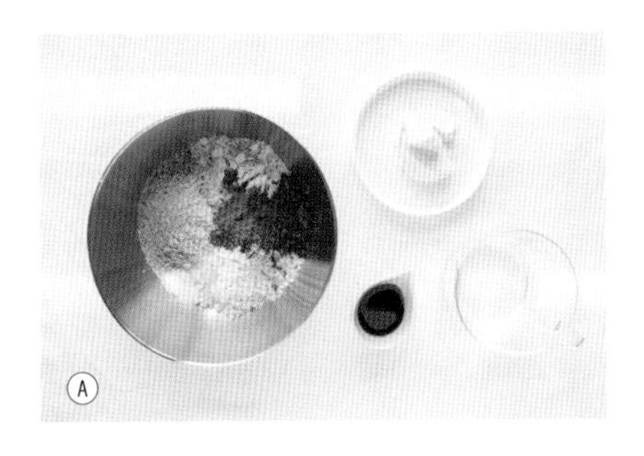
Ⓐ

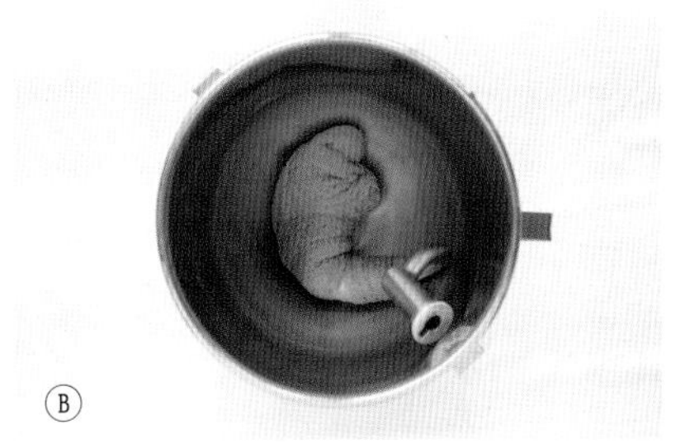
Ⓑ

3 接着将无盐奶油放入搓揉搅拌（Ⓒ），直到可用手撑出一层薄膜。此时，面团中心的温度建议在26～28℃之间。然后将面团滚圆、收口向下，放进抹上一层薄油的调理盆（Ⓓ）。

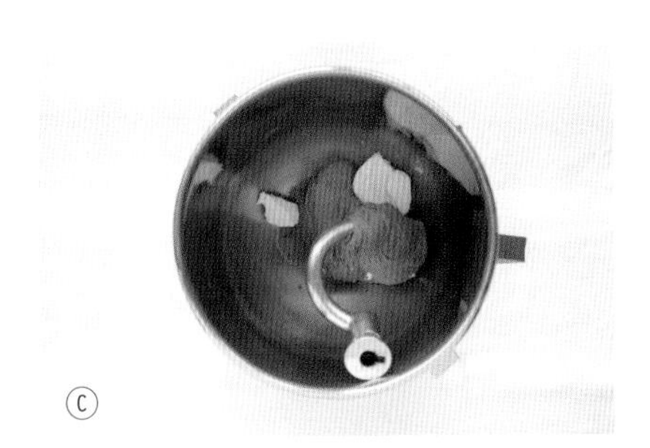
Ⓒ

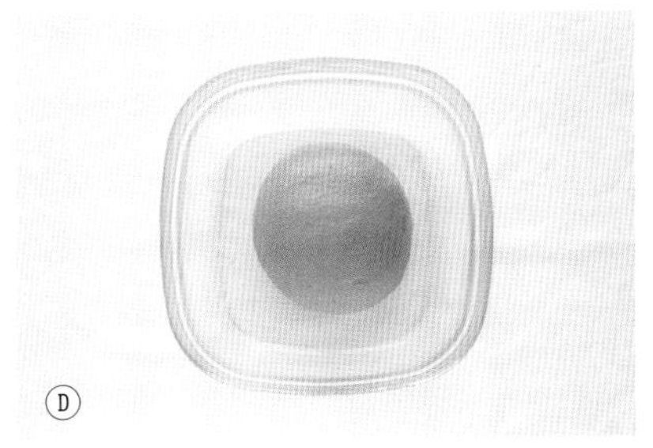
Ⓓ

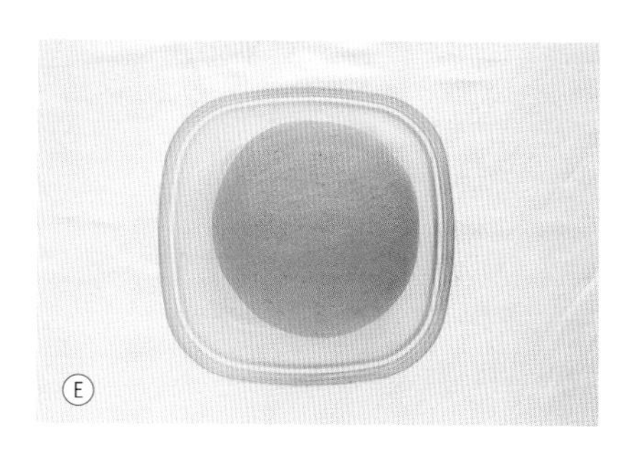

4 在放置面团的调理盆上，盖上一层拧干的湿布或直接盖上盖子（Ⓔ），静置室温中进行初次发酵：室温低于30℃发酵2小时，室温高于30℃时约发酵1小时30分钟，发酵好的面团需为原本的2倍大（Ⓔ）。确认发酵是否成功，可用食指沾少许面粉后在面团中央戳入，若是凹洞没有弹回，就代表成功；缩回的话，请再延长一些发酵时间。

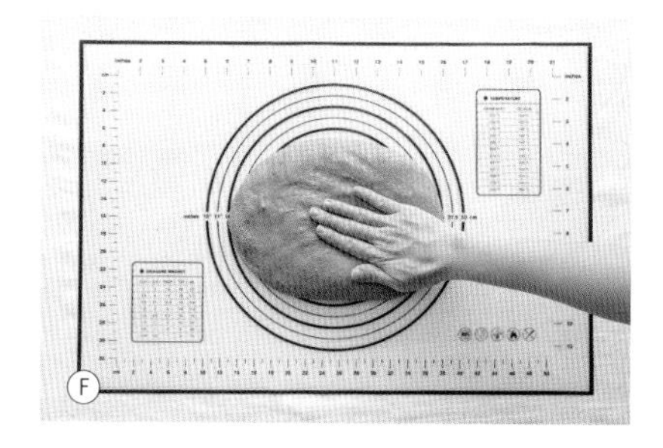

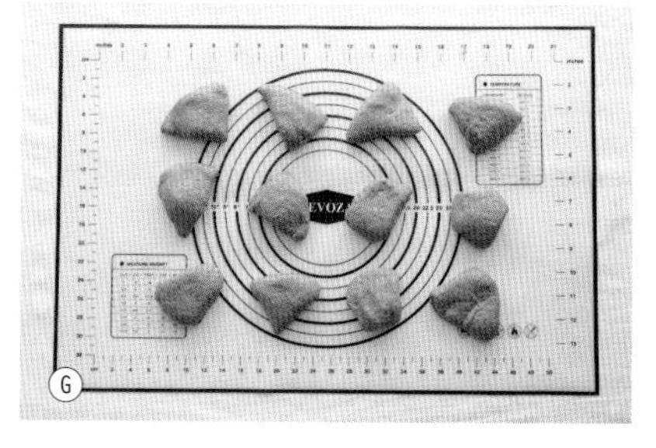

5 将面团从调理盆取出放到工作平台或是揉面垫上，轻压面团排气（Ⓕ），以切面板分割成12个大小均一的小面团（Ⓖ）。操作过程中别忘了称重，这样才能让分割的面团重量相同。

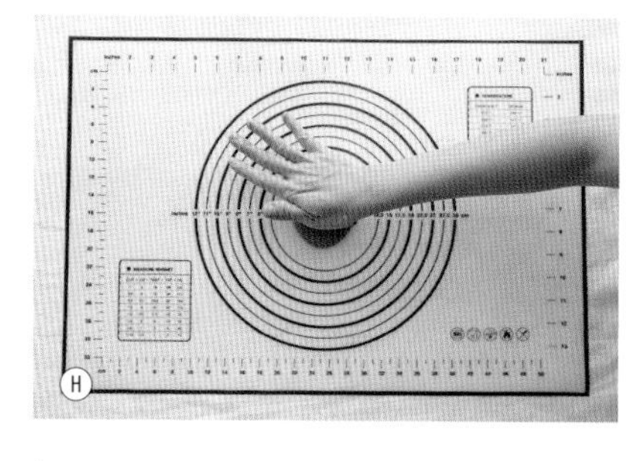

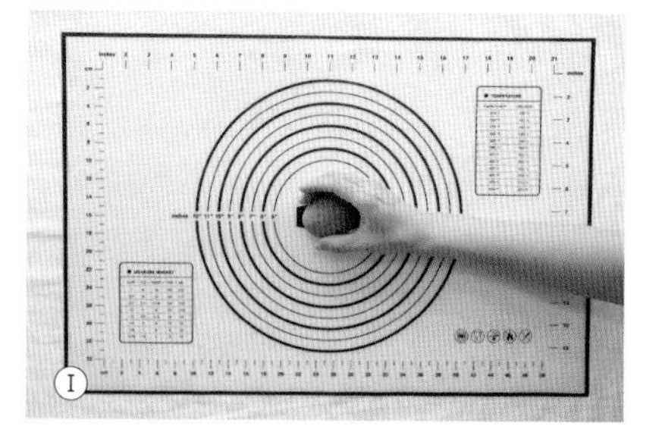

6 每个小面团逐一用手掌轻压排气后，滚成圆球状（Ⓗ、Ⓘ）。

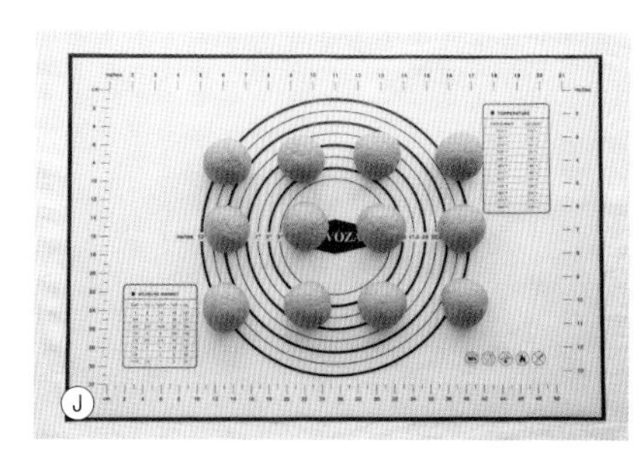

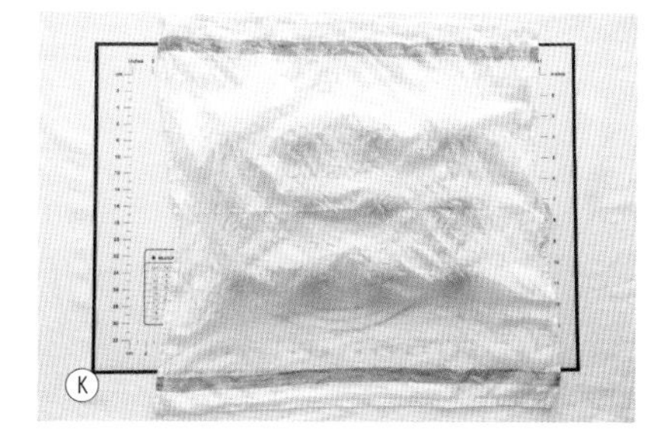

7 所有滚圆好的面团都排在工作台或揉面垫上，盖上一层拧干水分的湿布，静置室温中进行二次发酵，等待15分钟（Ⓙ、Ⓚ）。

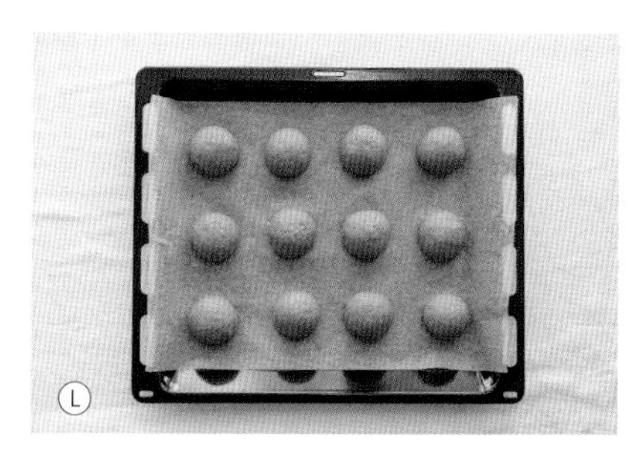

8 每个面团都再进行一次按压、排气，然后逐一排放到铺有烘焙纸的烤盘上，送进温暖环境（如具有发酵功能的烤箱或放有温水的烤箱、微波炉或保丽龙箱）进行最后发酵，发酵约50分钟。这时建议的发酵环境温度35～38℃、湿度80%～85%最佳，发好的面团约是原本的2倍大（Ⓛ）。

9 烤箱以170℃预热好后，面团送进烤箱，以170℃烤16分钟。烘烤过程进行到一半时，可将烤箱内的烤盘对调方向一次，这样烤色会更均匀，出炉面包请放在网架上冷却（Ⓜ）。

〔轻松料理〕*Point*

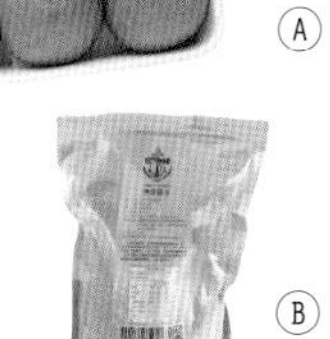

Ⓐ

* 没有枫糖浆的话，也可以使用蜂蜜替代，用量相同。
* 冷却的面包可放入保鲜盒密封后放进冰箱冷冻，保存时间可达1个月，要吃时取出放置室温10分钟，再放进烤箱加热数分钟即可享用（Ⓐ）。
* 小麦胚芽是从优质小麦粒中萃取的精华，含丰富的维生素E、B_1及蛋白质，营养价值非常高，适合冲泡或是加入烘焙食物中食用，在烘焙食品材料店或网上都可购买到（Ⓑ）。

Ⓑ

BREAKFAST

PART 2

日系咖啡馆风的活力

减糖早餐

早餐是一天的开始，千万不要忘了吃！
减糖早餐可多摄取健康的蛋白质，除了能增加饱腹感之外，
也因为消化过程增加了热量、脂肪的消耗，血糖会比较稳定。
咖啡馆风格的减糖早餐，跳脱以往制式早餐的无趣，让人更期待每天的早餐时光！

蒸烤西蓝花

〔制作时间〕  15分钟

减糖时推荐多摄取的蔬菜之一就是西蓝花，
低糖、纤维丰富、重复加热也不像叶菜类容易黄烂，而且可以搭配不同食材作变化。
运用西蓝花清洗后附着的水汽进行蒸烤，可锁住营养，吃的时候还散发出炙烤香气呢！

〔总糖分〕 2g
〔总热量〕 61千卡
〔膳食纤维〕 3.1g
〔蛋白质〕 3.7g
〔脂肪〕 3.2g

材料：× 1人份

西蓝花 …… 100g
黄芥末籽酱 …… 1小匙
蛋黄酱 …… 1小匙

〔轻松料理〕 *Point*

* 洗西蓝花时可以先冲洗1～2次后，加少许小苏打粉浸泡数分钟后再清洗。
* 蒸烤的西蓝花分量较多时，蒸烤的时间可自行调整延长。
* 用不完的西蓝花，水分沥干后可密封冷藏保存，请于隔日使用完毕。也可水煮或清炒，是减糖时百搭的蔬菜。

做法：

1. 将西蓝花洗净切成小朵，趁西蓝花表面还有水分时放入铸铁锅（或不锈钢汤锅）内，盖上锅盖，以中火加热3分钟，打开锅盖翻炒一下，盖回锅盖继续加热1分钟，熄火，利用锅内余热闷8分钟。若还有点生硬，可以再闷一下。
2. 蒸烤好的西蓝花盛盘，佐上黄芥末籽酱和蛋黄酱调匀蘸酱享用。

BREAKFAST

西红柿西葫芦温沙拉

〔制作时间〕20分钟

西葫芦（又称夏南瓜）在台湾盛产的时期是春季，脆嫩汁多、清甜可口，富含膳食纤维、热量又低，干煎或炙烤都是减肥时很适合的烹调方式。西红柿含丰富维生素、茄红素和β-胡萝卜素等营养，对于降血糖、抗老化以及提升免疫力都很有帮助。

〔总糖分〕	〔总热量〕	〔膳食纤维〕	〔蛋白质〕	〔脂肪〕
4g	120千卡	2g	2.8g	10.2g

材料：×1人份

绿西葫芦 …… 1/2根（约50g）
黄西葫芦 …… 1/2根（约75g）
西红柿 …… 1/2个（约75g）
橄榄油 …… 2小匙
海盐 …… 适量

〔轻松料理〕Point

* 西葫芦要切出一定的厚度，不要太薄，厚度也尽量均等，以免发生有些烤焦、有些熟度不足的状况。

做法：

1. 将西葫芦和西红柿彻底洗刷干净，西葫芦去除头尾、切成厚度约0.5cm的片状，西红柿去蒂叶后先对切再切片、厚度要比西葫芦厚一些，大约0.8cm。
2. 调理盆内加入橄榄油，放进西葫芦和西红柿切片后再撒上一些海盐，轻轻摇晃盆子使调味料和食材混合均匀，铺平倒在垫着烘焙纸的烤盘上，放入烤箱，设定200℃烤20～25分钟。出炉后可视喜好撒些黑胡椒或综合香草增添香气。

BREAKFAST

油醋绿沙拉

〔制作时间〕 5分钟

绿沙拉通常是以多种莴苣生菜拼盘而成的，糖分热量很低，内容及制作过程超级简单，而且非常适合和不同蔬果搭配，例如，本书食谱示范的烤南瓜、神奇软嫩渍鸡胸肉片、香草松阪猪等，都能变化出不同的风味。

〔总糖分〕3g

〔总热量〕108千卡

〔膳食纤维〕0.9g

〔蛋白质〕0.6g

〔脂肪〕10.2g

材料：×1人份

红叶莴苣 …… 25g
皱叶莴苣…… 25g
冷压初榨橄榄油 …… 2小匙
巴萨米克醋 …… 1小匙
海盐 …… 少许

做法：

1 将红叶莴苣、皱叶莴苣充分洗净、去除根部，浸泡在冰水里2分钟，捞起后使用蔬果沥水器将水沥干，用手撕碎。

2 将橄榄油、巴萨米克醋和海盐调匀，要吃的时候再淋拌于生菜上即可。

〔轻松料理〕*Point*

* 其他生菜如绿卷须、萝美莴苣及综合生菜嫩叶（Baby leaf）都可替换使用。
* 清洗生菜时，建议先用2~3道过滤水冲洗，最后一道用冰水浸泡2分钟再沥干，请充分洗干净再食用。
* 用蔬果沥水器沥干的生菜可密封保存于冰箱冷藏约2天。

BREAKFAST

姜煸红椒油菜花

〔制作时间〕 5分钟

减糖时常需要补充大量青菜，把握时令盛产的蔬菜，
小炒或清烫来享受其原味清甜最好，品尝的同时，
还能补充许多维生素、矿物质和膳食纤维，身体免疫力也跟着提升许多。

〔总糖分〕 4.8g

〔总热量〕 95千卡

〔膳食纤维〕 3.3g

〔蛋白质〕 3.7g

〔脂肪〕 6.1g

材料：× 1人份

红甜椒 …… 50g
油菜花 …… 100g
老姜 …… 2片
椰子油 …… 1小匙
海盐 …… 适量

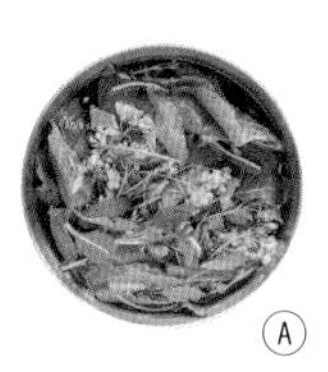

Ⓐ

* 油菜花在料理前先浸泡水中，有助于去除本身的涩味（Ⓐ）。

做法：

1 将油菜花洗净后，去除硬梗，用手摘成适合食用的小段，然后浸泡在水内5～10分钟。老姜切成薄片，红甜椒彻底刷洗干净后去除梗蒂和籽，切成宽度约0.5cm的条状备用。

2 平底锅内舀入椰子油，中火热锅后转小火，放进姜片，煸约2分钟后放进红甜椒条，转中火拌炒1～2分钟，接着将浸在水中的油菜花沥掉水分放入，略炒软后加海盐拌炒均匀即可盛盘。

BREAKFAST

水煮蛋牛肉生菜沙拉

〔制作时间〕10分钟

这道食谱组合了一餐需要的蛋白质、蔬菜，还有减糖时很多人以为不能吃的水果，
只要再加上少量淀粉（例如，熟玉米粒、小片全麦或杂粮面包），
就是糖分≤20g的完美减糖沙拉！

〔总糖分〕12.1g

〔总热量〕371千卡

〔膳食纤维〕2.4g

〔蛋白质〕30.3g

〔脂肪〕22.3g

材料：×1人份

鸡蛋 …… 1个
牛嫩肩里脊火锅片…… 100g
美生菜 …… 100g
小西红柿 …… 100g

调味酱汁：
酱油 …… 10ml
无糖苹果醋 …… 1小匙
冷压初榨橄榄油 …… 1小匙
蜂蜜 …… 1g

做法：

1 小西红柿洗净，准备水煮蛋1个。将全部调味酱汁的材料加进调理盆内，拌匀备用。

2 准备一锅水，煮滚后转小火，将肉片放入汆烫1分钟后捞起沥干水分，迅速倒入调理盆，与调味酱汁充分拌匀，静置放凉。

3 美生菜剥叶后先充分冲洗，再浸泡于冰水中，约1分钟捞起，以蔬果沥水器将水分沥干，然后将生菜撕成一口大小，加进步骤2盆内，与牛肉和酱汁混拌均匀后，全部盛入盘中。

4 最后摆上剥壳切片的水煮蛋、小西红柿就完成了！

清蒸时蔬佐和风酱

“早上好不想吃生冷的食物啊！”

这时候清蒸各种蔬菜，淋上快速美味的和风酱汁真是好主意！

运用这道食谱教学，偶尔也试着自己组合不同蔬菜，变化出新鲜感吧！

〔总糖分〕 8g

〔总热量〕 116千卡

〔膳食纤维〕 4.8g

〔蛋白质〕 4.8g

〔脂肪〕 0.4g

材料： ×1人份

玉米笋 …… 50g
甜豌豆荚 …… 50g
新鲜香菇 …… 50g

蘸酱：
味噌 …… 1/2小匙
白醋 …… 1小匙
酱油 …… 1小匙
苹果泥 …… 1小匙
冷压初榨橄榄油 …… 1小匙

做法：

1 将蔬菜洗净，玉米笋对切、豌豆荚去除硬梗及粗纤维丝、香菇去梗对切后称重。把蘸酱的材料全部调匀在一起备用。

2 准备蒸锅，注入半锅水，摆上蒸架，大火将水煮滚后将蔬菜放入蒸架，盖上锅盖，蒸3分钟熄火，取出蔬菜盛盘，摆上蘸酱，完成。

〔轻松料理〕 *Point*

* 没有专用蒸锅的话，也可以在深汤锅内放高脚蒸架和大量水煮滚（水量勿高于蒸架），水滚后把蔬菜摆在盘子里再放进锅内蒸。
* 吃时令的蔬菜是最幸福的，大部分蔬菜都可运用这道食谱，蒸出清甜、保留营养，也能时常更换口味、增添新鲜感。

神奇软嫩渍鸡胸肉片

〔制作时间〕 5分钟

让鸡胸切成薄片、高温热煎依然软嫩的秘诀就是：盐的用量和腌渍时间。
这个盐渍法腌的鸡胸格外软嫩，除了直接吃也很适合跟蔬菜或其他食材一起烹调，
具有很高的运用性，并可以搭配黑胡椒、孜然粉或其他香草调味，让口味作不同转换。

〔总糖分〕	〔总热量〕	〔膳食纤维〕	〔蛋白质〕	〔脂肪〕
0g	148千卡	0g	22.4g	0.9g

材料：×1人份

鸡胸肉 …… 100g
盐 …… 1g
橄榄油 …… 1小匙

做法：

1 鸡胸肉称重后放入保鲜盒，撒上盐，密封后充分摇晃均匀，放入冰箱冷藏腌渍至少2小时以上。

2 鸡胸从冰箱取出恢复至室温，先用厨房纸巾将表面释出的水分吸干，再顺着鸡肉纹理切成1cm左右厚度的薄片。

3 平底锅倒入橄榄油，开中火热锅、放入鸡胸肉片，将两面各煎约2分钟，煎出漂亮的金黄色即可起锅。

〔轻松料理〕Point

* 盐用量必须是鸡肉重量的1.2%，假设腌渍的肉是600g，盐必须用7.2g，还有腌的时间要至少2小时，想快速料理的话，可提前一晚先腌好放入冰箱。
* 忙碌的话不妨一次腌多一点鸡胸肉冷藏（准备分量最好不超过2天份），整块腌渍即可，请勿切成薄片腌。

青葱炒肉

〔制作时间〕 5分钟

“去肉摊记得先抢二层肉嘿！”我妈常这样提醒帮她买菜的我。
二层肉就是僧帽肌、离缘肉，是覆盖在猪里脊肉的前端部位，富有弹性又非常软嫩，
料理前完全不用特别腌渍处理。对喜欢中式菜色当早餐的人来说，
这道青葱炒肉特别适合与清蒸时蔬、太阳蛋作搭配。

〔总糖分〕
4.5g

〔总热量〕
277千卡

〔膳食纤维〕
0.7g

〔蛋白质〕
21.2g

〔脂肪〕
18.6g

材料： × 1人份

猪二层肉 …… 100g
青葱 …… 1根
盐 …… 2小撮
白胡椒粉 …… 少许
酱油 …… 1小匙
味醂 …… 1小匙
橄榄油 …… 1小匙

做法：

1 葱洗净切成葱花，把葱白和葱绿分开；将猪二层肉切成小片（每片厚约0.3cm），和盐及白胡椒粉抓揉均匀备用。

2 油倒入平底锅，中小火热锅后放入葱白炒出香气，放入肉片拌炒煎到肉呈金黄色，倒入酱油和味醂快速拌炒至熟，最后撒上葱绿，起锅盛盘。

〔轻松料理〕 Point

＊没买到二层肉不要伤心，猪五花肉也很适合，但建议选瘦一些的五花肉。

香草松阪猪

〔制作时间〕5分钟

松阪猪肉就是猪颊连接下巴处的肉，又称霜降肉，
这个部位的肉质不怕油煎变柴，只要撒点盐稍微腌渍一下，
就能轻松烤出微焦带脆、软Q鲜弹的肉片。腌渍时除了放入意大利综合香草外，
也很适合加黑胡椒、七味粉或烟熏红椒粉作调味变化。

〔总糖分〕
0.8g

〔总热量〕
306千卡

〔膳食纤维〕
0g

〔蛋白质〕
17.2g

〔脂肪〕
25.8g

材料：×1人份

松阪猪肉 …… 100g
海盐 …… 适量
意大利综合香草 …… 适量
橄榄油 …… 1/2小匙

做法：

1 将松阪猪肉切成厚度约0.5cm的肉片，铺在调理盘上，两面撒上薄薄一层海盐和意大利综合香草，室温下腌渍10分钟。

2 平底锅内抹上一层薄薄的橄榄油，中火热锅后摆入腌好的肉片，两面各煎约2分钟直到外表呈金黄色，完全熟透即可盛盘。

〔轻松料理〕*Point*

＊松阪猪肉可用猪小里脊肉排替代，糖分与热量更低，若怕烹调后口感干柴，可在肉的表面及边缘用刀尖轻轻划几刀断筋，并以中小火慢煎，吃起来会较软嫩。

〔总糖分〕12.7g

〔总热量〕65千卡

〔膳食纤维〕1.8g

〔蛋白质〕1.8g

〔脂肪〕0.2g

BREAKFAST

苹果地瓜小星球

〔制作时间〕5分钟

早餐想吃淀粉又想吃水果时，要怎么搭配才能既满足早餐又不至于糖分超标呢？
试试这道视觉亮眼的创意沙拉，包含了丰富膳食纤维和矿物质的地瓜，
加上有保健身体苹果酚和维生素C的苹果，以及高纤、高酵素的苜蓿芽，
这样的搭配清新爽口又营养充足！

材料：×1人份

地瓜 …… 40g
苹果 …… 25g
苜蓿芽 …… 30g

〔轻松料理〕Point

* 想要地瓜泥的口感更细致的话，可将地瓜泥过筛。
* 地瓜泥冷却后可以密封放在冰箱冷藏，约可保存3天。

做法：

1. 将苜蓿芽充分洗净轻轻拧干水分备用，地瓜以电锅蒸或水煮煮熟后，趁热撕去外皮，用汤匙捣成泥备用。
2. 将苜蓿芽平铺在盘上，苹果洗净切成丁后和冷却的地瓜泥混合，以手稍微塑成球状，最后铺放在苜蓿芽上即完成。

〔总糖分〕0.8g　〔总热量〕117千卡　〔膳食纤维〕0g　〔蛋白质〕6.7g　〔脂肪〕9.8g

BREAKFAST

太阳蛋

〔制作时间〕5分钟

瘦身时关键就是每日蛋白质摄取要充足，
可以保持肌肉、耗费热量效果最佳，而且也较有饱腹感。
除了肉、海鲜和植物性蛋白质摄取来源外，鸡蛋是最直接也最简易的补给。

材料：×1人份

鸡蛋 …… 1个　　油 …… 1小匙　　海盐 …… 少许

做法：

1 平底锅内倒入油抹匀锅面后以中火加热，鸡蛋敲破打进碗内再倒入锅中，待蛋白边缘稍微凝固即用汤匙将蛋黄拨到正中央，这样能让蛋黄的位置固定，之后成形才好看。

2 中火加热2分钟后转小火加热1分钟、熄火，利用余热加热2～3分钟，再开火，一样中火加热2分钟再转小火加热1分钟、熄火。需反复这样的动作4～5次，视自己喜欢的熟度及依锅子尺寸调整次数，这样就能煎出一面酥脆可口、一面蛋黄黄澄如太阳的漂亮荷包蛋。上桌时撒少许海盐即可享用。

〔总糖分〕 **2g**

〔总热量〕 **126千卡**

〔膳食纤维〕 **0g**

〔蛋白质〕 **7.5g**

〔脂肪〕 **9.8g**

BREAKFAST

嫩滑欧姆蛋

〔制作时间〕 5分钟

早餐吃上一份好松软、好嫩滑的欧姆蛋，真幸福啊！感觉这一天会有好事发生呢！
一人独享的欧姆蛋和减糖面包是绝配的组合，
再佐上大量蔬菜和肉类，简直完美，真想天天都吃到!

材料：×1人份

鸡蛋 …… 1个
鲜奶 …… 25ml
盐 …… 2小撮
黑胡椒 …… 少许
无盐奶油 …… 5g

〔轻松料理〕*Point*

＊欧姆蛋的材料很简单，但制作过程较讲究速度，初学者可先使用不粘平底锅，多练习几次就会很顺手。

做法：

1 鸡蛋从冰箱取出，静置恢复至室温，破壳打进调理碗内，加入盐、鲜奶充分搅拌均匀备用。

2 不粘平底锅以中大火热锅约30秒，放入无盐奶油，油一熔化立即倒入蛋液，摇晃使其铺平，然后快速用铲子在略凝固的蛋液上画圈（Ⓐ），蛋液经加热后只要呈现半熟状态就立即熄火，将所有半熟蛋往锅面的一侧聚拢成椭圆形（Ⓑ），倒上盘子，撒点黑胡椒即完成。

Ⓐ

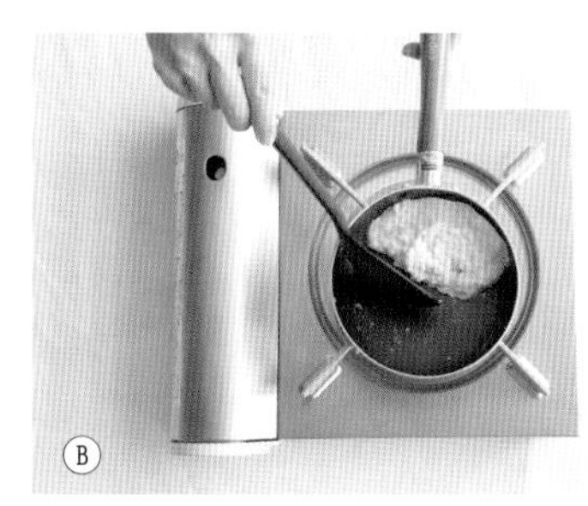
Ⓑ

奶油蘑菇菠菜烤蛋盅

〔制作时间〕15分钟

热锅将蘑菇煎出金黄色泽，只要撒些黑胡椒和盐就很美味。
菠菜炒香，加进蛋液和乳酪丝一起焗烤，好香啊！
再加上这些食材的糖分低、营养丰富，吃起来很有饱腹感呢！

〔总糖分〕
4g

〔总热量〕
294千卡

〔膳食纤维〕
2.4g

〔蛋白质〕
20.7g

〔脂肪〕
21.7g

材料：×1人份

鸡蛋 …… 2个
蘑菇 …… 40g
菠菜 …… 100g
乳酪丝 …… 1大匙
盐 …… 1小匙
奶油 …… 10g

做法：

1 蘑菇洗净切片、菠菜洗净去梗切小段，鸡蛋打入调理盆、加$^1/_2$小匙盐搅拌成蛋液备用。

2 橄榄油倒入平底锅，中火热锅，将切片蘑菇煎到两面略呈金黄色，加进菠菜段炒到变软，撒入$^1/_2$小匙盐拌炒。

3 烤皿内刷上薄薄一层油，将炒好的蔬菜盛进烤皿铺平，注入蛋液，整盅放进小烤箱或可调温度的烤箱，以200℃烤5分钟，取出撒上一层乳酪丝，放回烤箱，再烤5～8分钟即完成。

〔轻松料理〕*Point*

＊蘑菇因有水汽风味易流失，请快速冲洗后，用厨房纸巾吸干水分再切片。

培根西蓝花螺旋面

〔制作时间〕15分钟

谁说减肥不能吃意大利面呢？将面的分量减少、蔬菜量提升，
不用熬高汤一样可以很好吃，秘诀就在加入少许蒜片和培根爆香。
加一个蛋黄九分熟的水煮蛋、一杯红茶欧蕾，就是幸福的一餐！

〔总糖分〕
13.3g

〔总热量〕
242千卡

〔膳食纤维〕
3.6g

〔蛋白质〕
10.1g

〔脂肪〕
15.6g

材料：×1人份

西蓝花 …… 100g
螺旋意大利面 …… 15g
培根 …… 30g
大蒜 …… 1粒
橄榄油 …… 1小匙
盐 ……1/4小匙
黑胡椒 …… 少许

做法：

1 西蓝花洗净切成小朵，大蒜去皮切片，培根切成宽约3cm的宽片。准备一个汤锅，注入1000ml水，水中加1大匙盐，大火煮滚后先汆烫西蓝花，2分钟后捞起备用。

2 将称好的螺旋意大利面放入滚水中，煮的时间比面条包装的建议时间少1分钟，煮好后捞起备用。

3 平底锅中放入培根，以中小火煎出油脂后即倒入橄榄油、放入蒜片煎炒，接着加进西蓝花和螺旋面，拌炒一下再倒入1大匙煮面水、盐和黑胡椒拌匀，待水分快收干前起锅盛盘。

〔轻松料理〕Point

*意大利面可换成不同样式的短面、长面。
*不吃培根的话，也可换成神奇软嫩渍鸡胸肉片（P.84）或香草松阪猪（P.88）。

1人份糖分2.4g	1人份热量140千卡			
〔总糖分〕 4.8g	〔总热量〕 279千卡	〔膳食纤维〕 0g	〔蛋白质〕 6.4g	〔脂肪〕 11.9g

BREAKFAST

鸡蛋沙拉

〔制作时间〕15分钟

早餐总是吃水煮蛋或荷包蛋，感觉腻了吗？试看看滑嫩的鸡蛋沙拉吧！单独吃或抹面包、佐轻烫过的蔬菜吃都很适合。除了美味、好运用外，还可以前一天先将蛋煮好，隔天起床拌一拌，就能快速完成！

材料：×2人份

鸡蛋 …… 2个
蛋黄酱 …… $1^1/_2$大匙
盐 …… 2小撮
黑胡椒…… 少许

〔轻松料理〕Point

* 计时9分钟小火慢煮的水煮蛋是蛋黄中心熟度最佳的，呈现中心微透微软但已经是熟的状态。
* 吃不完的鸡蛋沙拉可以冷藏保存2~3天，请于风味及口感最佳的状态下尽快享用完毕。

做法：

1 鸡蛋恢复至室温，在小汤锅内加可以没过鸡蛋的水量先以大火煮滚，然后转小火，将鸡蛋放在汤瓢上，再一个一个放进水里，计时9分钟。

2 煮好的鸡蛋取出浸泡在冷水里，等鸡蛋冷却后剥壳，用厨房纸巾吸去蛋外表的水分，密封冷藏一晚备用。

3 将水煮蛋从冰箱取出，用切蛋器纵向及横向将蛋切碎，和蛋黄酱、盐、黑胡椒稍微混拌一下即完成。

〔总糖分〕10.4g 〔总热量〕90千卡 〔膳食纤维〕0.9g 〔蛋白质〕3.8g 〔脂肪〕3.5g

BREAKFAST

蜂蜜草莓优格杯

〔制作时间〕3分钟

减糖时草莓、蓝莓、覆盆子这类糖分较低的莓果都是很适合的，
搭配无糖的优格和微量蜂蜜不仅新鲜可口，看起来也很美味，光看就觉得心情很好！
偶尔想吃小点心的时候，这也是很好的选择。

材料：×1人份

草莓……50g
蜂蜜……1/2小匙
无糖优格……100g

做法：

将草莓洗净、去除蒂叶，切成薄片或是切碎放进杯内，加入无糖优格和蜂蜜即可享用。

〔轻松料理〕Point

* 除了新鲜草莓之外，也可以蓝莓、黑莓、蔓越莓、覆盆子等莓果替代，或是使用冷冻莓果以果汁机将全部食材打在一起。

BREAKFAST

红茶欧蕾

〔制作时间〕 3分钟

除了黑咖啡，各类热茶也是适合减糖时饮用的好选择，
其中又以发酵过、含大量茶多酚的红茶较佳，
早晨饮用可以提神又不像绿茶容易刺激肠胃，并且具有降血糖血脂的好处。

〔总糖分〕 2.4g
〔总热量〕 32千卡
〔膳食纤维〕 0g
〔蛋白质〕 1.5g
〔脂肪〕 1.8 g

材料：×1人份

红茶茶叶 …… 2g
鲜奶 …… 50ml
水 …… 200ml

做法：

1 将水倒入小锅内，煮滚后转小火，放入红茶茶叶搅拌一下，煮2分钟。

2 倒入鲜奶，煮到快要沸腾前熄火，用筛网过滤掉茶渣后，即可盛进杯中享用。

〔轻松料理〕 Point

＊红茶选用的种类没有限制，锡兰、早餐茶、大吉岭等红茶都很适合，选择自己喜欢的即可。

BREAKFAST

燕麦豆浆

〔制作时间〕15分钟

平常早餐常喝市售豆乳、鲜奶，空闲的时候不妨帮自己煮杯燕麦豆浆；
不仅比一般豆浆增加了高纤维的燕麦，还能帮助消化，喝起来也更浓醇可口。

〔总糖分〕5.6g　〔总热量〕78千卡　〔膳食纤维〕2.7g　〔蛋白质〕5.9g　〔脂肪〕2.9g

材料：×1人份

黄豆 …… 15g
即食燕麦片 …… 5g
水 …… 350ml

〔轻松料理〕*Point*

* 煮豆浆的过程需适时搅拌，以避免锅底烧焦。
* 可以一次煮3～4人份，煮好冷藏，3天内喝完即可。

做法：

1 黄豆清洗干净，放在小容器中加比黄豆高两指节的水，密封放入冰箱冷藏，浸泡8～24小时。

2 黄豆从冰箱取出沥除水分，放入果汁机（或调理机），加进350ml过滤水后充分打碎，然后倒入小锅里。

3 中火煮滚后用滤网将浮沫捞除，加入燕麦，转小火煮15分钟，完成。

BREAKFAST

猕猴桃蓝莓起司盅

〔制作时间〕 3分钟

彷彿珠宝盒般的水果起司盅，
清爽酸甜又带着淡雅乳香，尝起来根本就是甜点嘛！
这道点心非常适合需要补充维生素和钙质、想提振一下脑活力的早晨。

〔总糖分〕 14g

〔总热量〕 106千卡

〔膳食纤维〕 3.2g

〔蛋白质〕 2g

〔脂肪〕 4.2g

材料： ×1人份

蓝莓 …… 20g
猕猴桃 …… 1颗（约100g）
乳酪起司（Cream Cheese）……15g

做法：

水果洗净后，猕猴桃削皮切成块，和蓝莓一起摆放，挖盛一些乳酪起司点缀即完成。

温柠檬奇亚籽饮

〔制作时间〕3分钟

奇亚籽（Chia Seeds，又名鼠尾草籽），是一种富含Omega-3和膳食纤维的种子，
每天饮用一些可增加饱腹感又能促进肠胃蠕动，
但要注意搭配充足的饮水量，且避免食用过多，造成反效果。

〔总糖分〕0.3g　〔总热量〕27千卡　〔膳食纤维〕1.9g　〔蛋白质〕1g　〔脂肪〕1.8g

材料：×1人份

奇亚籽 …… 5g
柠檬汁 …… 1小匙
温开水 …… 300ml

做法：

将奇亚籽、柠檬汁与温开水充分混合，约过5分钟，奇亚籽体积会胀大一些，这样就可以喝了。

高纤蔬果汁

〔制作时间〕 6分钟

大部分叶菜只要汆烫过和其他蔬果打成汁，那清新香甜的滋味任谁都能接受，参考这道食谱的搭配方式，用其他蔬果来变化也很好喝。
晨起喝一杯，促进消化又能摄取满满的维生素和纤维质，一整天的元气就从这杯唤醒吧！

〔总糖分〕	〔总热量〕	〔膳食纤维〕	〔蛋白质〕	〔脂肪〕
13.6g	64千卡	2.4 g	1.2g	0.3 g

材料：× 1人份

苹果 …… 80g
卷心菜 …… 50g
胡萝卜 …… 30g
开水 …… 150ml

做法：

1 苹果、胡萝卜洗净削除外皮，拿取需要的分量切成小丁；卷心菜洗净后用手撕成小块。

2 在小锅内加适量水，煮滚后放入卷心菜叶汆烫15秒捞起，沥干水分静置一会儿。

3 将苹果、胡萝卜丁和卷心菜叶、开水放入果汁机，充分搅打绵细后盛装进杯里，即完成。

BREAKFAST

玫瑰果醋

〔制作时间〕2分钟

每天饮用少量的果醋饮，除了养颜美容，对想瘦身的人来说，
最大的帮助就是加速脂肪代谢、减缓餐后血糖值波动，
让身体有更充足时间将热量转化成蛋白质。
需注意市售果醋多半会额外添加糖分，请选择天然酿造，避免空腹时喝即可。

〔总糖分〕5.1g　〔总热量〕23千卡　〔膳食纤维〕0g　〔蛋白质〕0g　〔脂肪〕0g

材料： ×1人份

玫瑰花醋 …… 2小匙
开水 …… 80ml
冰块 …… 少许

做法：

将玫瑰花醋、开水、冰块加在一起调匀即可饮用，不喝冰饮的话可不加冰块。

〔轻松料理〕Point

* 市售的天然酿造果醋、花草醋等，都可以参考此做法调匀饮用。

LUNCH

PART 3

家常便当菜的丰盛

减糖午餐

为了不在下午上班时昏昏欲睡，
午餐请记得好好吃，千万不要饿肚子。
试试饱腹感十足的减糖午餐，
所有菜色都很适合制作成常备料理，
夹入便当当配菜，除了减重过程中再也不用挨饿，
还能让精神变好、皮肤变亮，打造不容易生病的健康体质！

〔总糖分〕6g
〔总热量〕80千卡
〔膳食纤维〕1.7g
〔蛋白质〕0.8g
〔脂肪〕5.4g

LUNCH

油醋甜椒

〔制作时间〕5分钟

看着就好刺激人食欲的红、黄甜椒，
甜椒的维生素C和β胡萝卜素就很丰富，完全不输水果呢！
生吃热炒都不影响其色泽表现，是料理蔬菜时的增色好帮手。
虽然糖分会比深绿色蔬菜高许多，但适量补充可以部分替代高糖分的水果营养素。

材料：×1人份

红甜椒 …… 50g
黄甜椒 …… 50g
初榨橄榄油 …… 1小匙
巴萨米克醋 …… 1/2小匙
海盐 …… 少许

做法：

1 将红、黄甜椒彻底刷洗干净后去除梗蒂和籽，切成宽度约0.5cm的条状。

2 将一小锅水煮滚，转中火，放进红、黄甜椒条汆烫约5秒即沥水捞起，稍微冷却后和橄榄油、巴萨米克醋及海盐混拌一下即完成。

〔轻松料理〕Point

* 切剩的甜椒将外表水分拭干，可以密封冷藏约3天，要吃的时候才与油醋混拌。
* 冷藏的汆烫甜椒可运用在沙拉、热炒料理上，尽早食用完毕风味最佳。

1人份糖分2.5g

〔总糖分〕 4.9g

1人份热量14千卡

〔总热量〕 27千卡

〔膳食纤维〕 1.4g

〔蛋白质〕 0.6g

〔脂肪〕 0.1g

LUNCH

橙渍白萝卜

〔制作时间〕 5分钟

减糖时吃的水果量较少，但别因此害怕维生素会摄取不足，
因为许多蔬菜的维生素含量相当丰富，像白萝卜就是其一，
不仅饱含丰富的维生素C还具有淀粉酶。淀粉酶能够促进碳水化合物消化，
对减肥相当有帮助，减糖时不妨多食用白萝卜。

材料：×2人份

白萝卜 …… 100g
盐 …… 1/4小匙
现榨柳橙汁 …… 1大匙
无糖苹果醋 …… 1小匙
蜂蜜 …… 1g

〔轻松料理〕Point

* 这道可以常备制作，冷藏保存建议在3天内食用完毕。

做法：

1 将白萝卜洗净后削皮、去除蒂叶，环切成0.3cm厚的圆形薄片后再切成4等份（Ⓐ），放进小型的密封容器，加入盐抓腌，放进冰箱冷藏1小时。

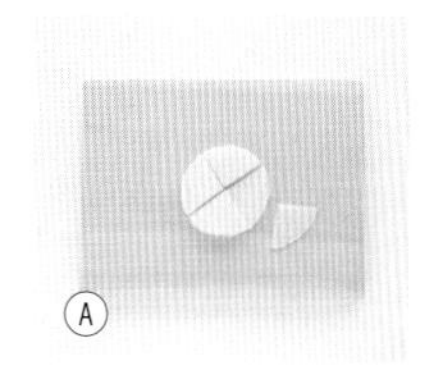

Ⓐ

2 从冰箱取出萝卜片，用手挤压出水分后将所有腌渍后产出的涩水都倒掉，将萝卜片再放回容器内，加进柳橙汁、苹果醋、蜂蜜，加盖密封后摇晃均匀（Ⓑ），冰箱冷藏2小时后即可食用。

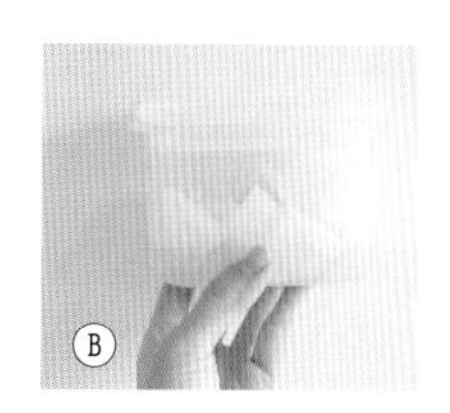

Ⓑ

鹅油油葱卷心菜

〔制作时间〕5分钟

卷心菜清甜可口，料理变化性高，营养价值高，富含膳食纤维，
简单清炒就好吃，还是非常适合带便当的蔬菜之一，
实在想不到有什么理由不爱它，你说是不是?

〔总糖分〕5.2g

〔总热量〕104千卡

〔膳食纤维〕1.1g

〔蛋白质〕1.4g

〔脂肪〕8.4g

材料：× 1人份

卷心菜 …… 100g
鹅油油葱酥 …… 2小匙
盐 …… 少许

做法：

1 卷心菜剥叶后去除根部、清洗干净，撕成大片状备用。

2 平底锅内舀进市售的鹅油油葱酥，以中小火加热，待香气飘出后，放入卷心菜叶拌炒一下，再倒入1大匙水，加入少许盐，转中大火拌炒至水分略收干，即可盛盘。

〔轻松料理〕Point

* 卷心菜煮汤或和少许蒜末、胡萝卜丝、橄榄油一起拌炒也很美味，试试看吧！自备减糖料理时是很好运用的蔬菜喔！

辣拌芝麻豆芽

〔制作时间〕 5分钟

很多人常误会黄豆跟黄豆芽都是豆类，黄豆芽确实是黄豆浸泡后生长而成的，但它其实算是蔬菜呢！除了具有丰富膳食纤维、维生素C和E，还含有天门冬氨酸，能有效防止体内乳酸堆积、缓解疲劳，凉拌后的口感鲜嫩爽脆，是减糖时推荐的食材。

1人份糖分0.7g

〔总糖分〕
4.3g

1人份热量47千卡

〔总热量〕
282千卡

材料：×6人份

黄豆芽 …… 300g
蒜泥 …… 2小匙
白芝麻 …… 2小匙
辣椒粉 …… 2小匙
白芝麻油 …… 2小匙
盐 …… $^1/_2$小匙

〔膳食纤维〕
13.6g

〔蛋白质〕
20.4g

〔脂肪〕
19.5g

做法：

1 加白芝麻油进平底锅，以小火干煸炒出香气，熄火静置冷却。

2 煮一锅滚水，黄豆芽洗净沥水后，转小火，放入豆芽烫煮3分钟，捞起泡进冰水浸泡3分钟。

3 将豆芽捞起、充分沥干后倒入调理盆，先加白芝麻油、盐、蒜泥，使用调理筷充分拌匀，接着撒入辣椒粉和白芝麻混拌，完成！

〔轻松料理〕*Point*

* 黄豆芽需确实煮熟再食用，浸泡冰水里可以抑制豆芽残余热气让口感变烂、保持爽脆的效果，此步骤请勿省略。
* 这道凉拌豆芽密封后放入冰箱冷藏，可保存3~5天。
* 使用的白芝麻油和辣椒粉可选用韩式品牌（Ⓐ），凉拌后风味更佳。

Ⓐ

〔总糖分〕4.8g　〔总热量〕35千卡　〔膳食纤维〕2.1g　〔蛋白质〕1.6g　〔脂肪〕0.3g

芥末秋葵

〔制作时间〕5分钟

秋葵是一种能抑制糖分吸收、高纤低千卡、保健肠胃，
具有丰富钙质、蛋白质的蔬菜，但许多人不敢吃外表有绒毛又有黏液的秋葵，
其实只要在调味上做点小变化，简单就能料理得很美味喔！

材料：×1人份

秋葵 …… 50g
芥末酱 …… 1/2小匙
酱油膏 …… 1小匙
酱油 …… 1/2小匙
柴鱼片 …… 少许

〔轻松料理〕*Point*

* 购买时选择外表绒毛细致、长度约5cm内的秋葵，口感更嫩脆。
* 斜切成小段的秋葵和其他蔬菜清炒、煎蛋或加在汤里，都是很适合的减糖料理做法。

做法：

1 秋葵充分洗净，沿着蒂头将表面硬皮切除备用（Ⓐ），芥末酱、酱油、酱油膏先加入调理盆调和均匀备用。

2 准备小锅水以中火煮滚，放入秋葵汆烫20秒，捞起沥干水分后放入调理盆和酱汁裹拌均匀，盛盘后点缀上少许柴鱼片即完成。

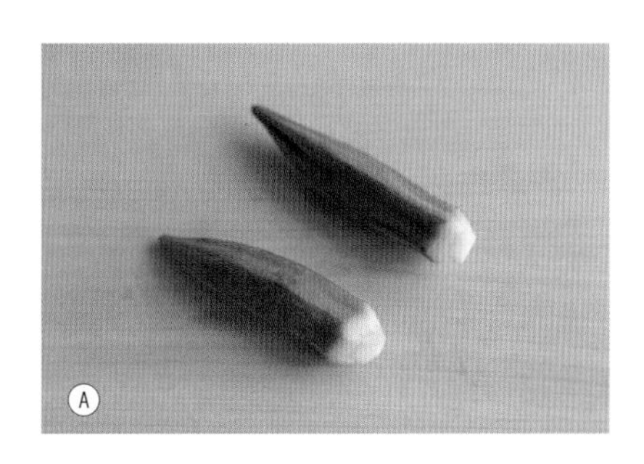

三杯豆腐蘑菇时蔬

台式的三杯料理很适合减糖时尝试，
不过不建议依照传统做法放许多油、酒、酱油和糖，可以试着做这个改良版，
有丰富的鲜菇、甜椒还有油豆腐，清淡但醇香酱香不减，
尤其素食族群不妨多尝试以这道当主菜。

〔总糖分〕13.4g

〔总热量〕259千卡

〔膳食纤维〕5.8g

〔蛋白质〕11.6g

〔脂肪〕15.2g

材料：×1人份

红甜椒 …… 50g
黄甜椒 …… 50g
杏鲍菇 …… 50g
鸿喜菇 …… 50g
油豆腐 …… 50g
九层塔 …… 15g
水 …… 1小匙
黑芝麻油 …… 2小匙
酱油 …… 1小匙
米酒 …… 2小匙
大蒜 …… 2粒
老姜 …… 3片

做法：

1 红、黄甜椒洗净切成宽约3.5cm的片状；杏鲍菇、鸿喜菇洗净沥水去除根部；杏鲍菇切成厚度约1cm斜片状；油豆腐切成厚块，蒜和姜都切片；九层塔洗净沥水备用。

2 炒锅内倒入黑芝麻油，中火热锅后转小火，先放进蒜片、姜片煸炒约3分钟，接着转中火，加进红、黄甜椒片炒约2分钟，加1小匙水再炒2分钟。

3 接着加入杏鲍菇、鸿喜菇翻炒均匀，再放油豆腐、酱油、米酒炒，直到酱汁收干一半，撒入九层塔拌一下即可起锅盛盘。

凉拌香菜紫茄

〔制作时间〕 6分钟

含有绿原酸可以降低肠道吸收糖分的茄子，在减糖期间能发挥很大的减肥功效。
不过很多人料理茄子时，最伤脑筋的就是色泽减退和口感容易风味流失，
用这道食谱教学的秘技，可以节省时间提前制作，
又不需要经过烦琐的油炸程序，蒸拌后既美丽又美味。

〔总糖分〕 5.9g

〔总热量〕 90千卡

〔膳食纤维〕 3.5g

〔蛋白质〕 2.9g

〔脂肪〕 5.2g

材料：×1人份

茄子 …… 1/2根（约100g）
大蒜 …… 1粒
酱油 …… 1/2大匙
乌醋 …… 1/2大匙
白芝麻油 …… 1小匙
辣椒 …… 1小根
香菜 …… 1束

做法：

1 茄子洗净后先切成3cm的小段，然后每段再剖半；大蒜、辣椒、香菜切成细末，和酱油、乌醋、白芝麻油先调匀成蘸酱备用。

2 准备蒸锅，注入半锅水、摆上蒸架，大火将水煮滚后再将茄子铺排蒸架内、盖上锅盖，蒸5分钟熄火，取出茄子放凉、淋上蘸酱，完成。

〔轻松料理〕*Point*

* 茄子烹调后想保持鲜明艳紫的漂亮颜色（Ⓐ），大火蒸煮＋蒸5分钟是秘诀，一蒸好就要将茄子立即取出以免颜色变深、影响口感。
* 茄子可以一次多蒸一些，没吃完的部分密封冰箱冷藏可保存到隔日仍可食用。酱汁请另外制作，要吃的时候才淋上，风味最佳。

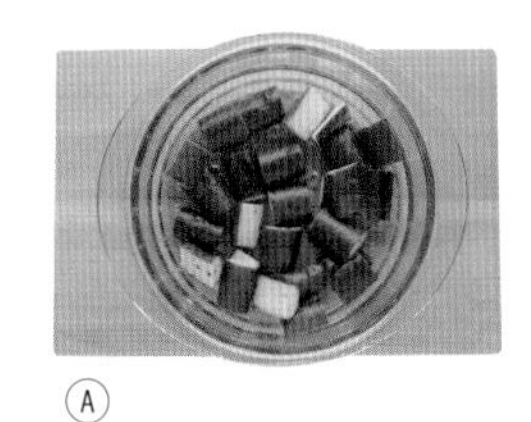

Ⓐ

椒麻青花笋

〔制作时间〕 5分钟

青花笋就是西蓝花笋，产季为春季，高纤、高钙、高铁又富含多种矿物质，
是西蓝花和芥蓝菜的混种，口感也介于西蓝花与芥蓝菜之间。
清炒就很好吃，尝起来清脆微甜不苦涩，适合带便当。
此外，也可以添煮在汤里，但煮汤的话建议当餐喝完勿重复加热，滋味最佳。

〔总糖分〕3.4g
〔总热量〕90千卡
〔膳食纤维〕4g
〔蛋白质〕3.7g
〔脂肪〕5.8g

材料：× 1人份

青花笋……100g
大蒜……1粒
花椒粒……1/2小匙
干辣椒……2根
盐……1/4小匙
橄榄油……1小匙

做法：

1 青花笋洗净、去掉硬梗，用手摘成适合食用的小段，蒜剥皮切成薄片，干辣椒切小段备用。

2 炒锅内放油的同时加入花椒粒，小火煸炒出香气后将花椒捞出，转中小火，放入蒜片和干辣椒炒约2分钟，接着转大火，摆放入青花笋、少许水和盐，拌炒均匀即可盛盘。

〔轻松料理〕*Point*

* 花椒以小火炒才不会炒出苦味。

LUNCH

西芹胡萝卜烩腐皮

加热一样好吃的蔬菜，如高纤低千卡的西洋芹和维生素很多的胡萝卜都是好选择，再加入新鲜的豆腐皮，以中式料理的调味方式拌炒，嫩脆蔬香与豆香融合无间，是既美味又有饱腹感的一道减糖主菜。

〔总糖分〕
9.8g

〔总热量〕
367千卡

〔膳食纤维〕
3.9g

〔蛋白质〕
27.8g

〔脂肪〕
22.9g

材料：×1人份

西洋芹菜 …… 100g
胡萝卜 ……30g
豆腐皮 …… 100g
大蒜 …… 2粒
盐 …… 1/4小匙
辣豆瓣酱 ……1小匙
沙茶酱 …… 1小匙
酱油 ……1小匙
水…… 2大匙
橄榄油 ……2小匙

做法：

1 西洋芹菜洗净后，可先用削皮器将表面粗纤维丝刮除、切成斜段；大蒜剥皮切片；豆腐皮切成一口大小的块状；胡萝卜洗净去皮后切成厚度约0.3cm片状备用。

2 炒锅内加橄榄油，中火热锅后放入胡萝卜片拌炒2~3分钟，接着放入西洋芹菜拌炒2分钟，加进蒜片炒出香气后，加盐和少许水翻炒至水分快收干。

3 将以上蔬菜先捞起备用，原锅放进豆腐皮以中小火煎到两面金黄变酥，接着倒入辣豆瓣酱、沙茶酱、酱油和水调匀的酱汁，煮到收汁到一半，转中大火，放回蔬菜拌炒2分钟，起锅盛盘。

LUNCH

XO酱煸四季豆

〔制作时间〕 5分钟

减糖时，在吃这方面的乐趣确实提升许多，
过去认为高热量的XO酱或沙茶酱，其实它们的糖分都很低，只要不食用过量，
少许应用在料理上，就能让食物更有滋味、富有香气，
和全年都吃得到、膳食纤维含量高的四季豆一起料理，非常适合。

〔总糖分〕 5.1g
〔总热量〕 92千卡
〔膳食纤维〕 2.3g
〔蛋白质〕 3.7g
〔脂肪〕 5.3g

材料：× 1人份

四季豆 …… 100g
XO酱 …… 2小匙
大蒜 …… 1粒
盐 …… 少许

做法：

1 四季豆洗净切除蒂头、撕除边缘的粗纤维丝（去粗筋）后，斜切成段，大蒜切成碎末备用。

2 炒锅内加3～4大匙水以中大火煮滚，放入四季豆水炒至水分接近收干，将四季豆以铲子拨到锅子边缘，空出锅中央位置，先加入XO酱炒出香气，接着放蒜末拌炒。

3 加少许水，将四季豆和XO酱、蒜末一起拌炒，撒少许盐拌均匀，完成。

〔轻松料理〕Point

* 四季豆务必充分煮熟，因为其中含有皂素、凝血素等成分，若未充分加热就食用恐有引起食物中毒的担忧。

宫保鸡丁

〔制作时间〕10分钟

传统的宫保鸡丁做法除了油多、酱浓、辣椒香之外，
一般还会加糖拌炒出光泽和甘香，美味是没话说的，
但比较适合配大量米饭，不适合减糖时吃。
减糖后的宫保鸡丁以腌酱腌出多汁滑嫩口感，添加小黄瓜让口感更爽脆清甜，
调味料也拿捏得恰如其分，瘦身餐里加入这道菜实在太享受了。

材料：× 1人份

鸡胸肉 …… 150g
小黄瓜 …… 1根（约100g）
干辣椒 …… 2根
蒜末 …… 1小匙
姜末 …… 1小匙

鸡胸肉腌料：
水…… 1大匙
香油 …… 1小匙
盐 …… 1/2小匙

调味料：
酱油 1小匙
盐 …… 1/4小匙
乌醋 …… 1小匙

〔总糖分〕3.7g

〔总热量〕229千卡

〔膳食纤维〕1.7g

〔蛋白质〕35.3g

〔脂肪〕6.6g

做法：

1 小黄瓜洗净切除头尾，切滚刀块；鸡胸肉切成小丁后，加进鸡胸肉腌料腌15分钟；干辣椒切成小段，姜蒜切成末。

2 平底锅以中火热锅，直接放进鸡胸肉丁煎，外表煎出明显金黄色后先盛起备用。

3 原锅放入小黄瓜块翻炒1分钟，转小火、盖上锅盖焖2分钟。加进蒜末、姜末、干辣椒一起拌炒2分钟，炒出香气后转中火，将鸡胸肉、酱油和盐倒回锅中一起炒，起锅前淋乌醋炒匀即可盛盘享用。

〔轻松料理〕*Point*

⋆鸡胸因为有加香油腌渍，煎的时候就不需要在锅内再放油。

乳酪鸡肉卷

〔制作时间〕10分钟

比一般起司更加清新爽口的莫扎瑞拉（Mozzarella）起司，
卷进弹嫩鸡腿肉里一起炙烤，一口咬下，皮酥肉嫩、内馅牵丝，
好香浓好诱人呀！谁能想到减肥也能吃得这么梦幻？当然可以，
鸡肉和起司的糖分都很低，减糖时请愉快开动！

材料：× 1人份

无骨鸡腿排 …… 1片（约150g）
莫扎瑞拉起司片 …… 1片（约22g）
盐 …… 适量
黑胡椒 …… 少许

〔总糖分〕	〔总热量〕	〔膳食纤维〕	〔蛋白质〕	〔脂肪〕
0.2g	301千卡	0g	33.2g	17.8g

做法：

1 将鸡腿排的骨柄切除，两面撒上薄薄一层盐，揉匀，在鸡肉那一面铺上起司片，然后用点力道卷紧，整个鸡肉卷外包覆一层保鲜膜，一样也是包紧固定，放冰箱冷藏1天。

2 将鸡肉卷从冰箱取出，撕除保鲜膜，静置恢复至室温后，用厨房纸巾吸干表面水分。

3 烤盘上铺一层烘焙纸，放入鸡肉卷（收口处朝下），放入烤箱以200℃烤20分钟、调230℃烤3分钟，取出静置10分钟稍微放凉，切成数段再撒些黑胡椒即完成。

〔轻松料理〕Point

* 以棉绳固定鸡肉卷，烤出来的肉形会更加好看。
* 烤鸡肉卷时，不建议摆在有网架的烤盘烘烤，因为起司遇热会熔化掉落至网架内，这样鸡肉卷切开后会看不到起司呦！

黑胡椒酱烤鸡翅

很多人过去减肥的时候不敢吃鸡翅，认为鸡皮覆盖的范围多、热量也会很高。其实减糖着重的是食物中糖分的多寡，再来就是蛋白质要摄取足够，所以别再担心老是不能吃鸡翅、鸡腿这类鸡肉部位啰！

〔总糖分〕4g　〔总热量〕265千卡　〔膳食纤维〕0.2g　〔蛋白质〕19.7g　〔脂肪〕16.8g

材料：×1人份

鸡翅 …… 5只（约150g）

腌料
- 大蒜 …… 1粒
- 酱油 ……1大匙
- 清酒 …… 1大匙
- 盐 …… 少许
- 黑胡椒粉 …… 少许

做法：

1 将鸡翅与全部腌料一起混合拌匀，冰箱冷藏腌渍至少1小时。

2 腌渍好的鸡翅从冰箱取出，静置恢复至室温。准备烤盘，铺上一层锡箔纸，抹上薄薄一层油再摆上腌好的鸡翅，以小烤箱（或一般烤箱设定200℃）烤18分钟，夹出盛盘。

〔轻松料理〕Point

* 这道菜也可以前一天腌渍，隔天再烤，会更入味。

LUNCH

韩式泡菜猪肉

含有大量膳食纤维、维生素和对人体有益乳酸菌的韩式泡菜，酸辣适中十分开胃。以减低糖分的做法炒出的泡菜猪肉一样美味，很适合作为减糖常备料理，拿来搭配凉拌小菜、少许糙米和清汤，就是既有饱腹感又营养丰富的瘦身餐。

1人份糖分5g

〔总糖分〕**10**g

1人份热量469千卡

〔膳食纤维〕5.7g

〔蛋白质〕34.8g

〔脂肪〕81.6g

材料：×2人份

猪五花肉片 …… 200g
韩式泡菜 …… 140g
韭菜 …… $^1/_4$束（30g）
蒜末 …… 1小匙
姜末 …… 1小匙
青葱 …… 2根
酱油 …… 2小匙
白芝麻油 …… 1大匙

做法：

1 将韭菜、青葱洗净切段，大蒜和姜切成末备用。

2 炒锅内加入白芝麻油，以中火热锅后加进猪五花肉片，一下锅先均匀铺开肉片不要马上炒，等稍微出现一点金黄褐色再翻炒，接着将全部肉片盛起先放置一旁；转小火，将蒜末及姜末、葱白放入锅中央煸炒出香气，倒入酱油煮滚。

3 紧接着放入韩式泡菜、肉片与葱蒜姜一同拌炒1～2分钟，转中大火，加进韭菜、葱绿拌炒均匀，完成。

〔轻松料理〕*Point*

＊购买的韩式泡菜若是整棵未切的话，请切成宽约4cm的小段。

台式猪排

简单快速、有着五香香气的薄片猪排是从小就熟悉的家常味，
也是午餐的超级好选择，与一些蔬菜和汤品轻松搭配成套，
非常方便，忙碌时就这么准备吧！

〔总糖分〕2.7g　〔总热量〕207千卡　〔膳食纤维〕0.2g　〔蛋白质〕22.1g　〔脂肪〕10.4g

材料：×1人份

猪小里脊烤肉片……100g

腌料：
- 酱油……1/2大匙
- 米酒……2小匙
- 大蒜……1粒
- 五香粉……1小撮

橄榄油……1小匙

做法：

1. 调理碗内加入酱油、米酒、蒜泥、五香粉先调匀备用。
2. 猪小里脊肉片0.4~0.5cm厚，在肉片表面用肉槌轻拍几下后，放入调理碗内和腌料一起抓匀，室温下腌15分钟。
3. 平底锅内倒入油，中火加热后放入腌好的肉片，两面煎熟并煎出漂亮的焦糖褐色即完成。

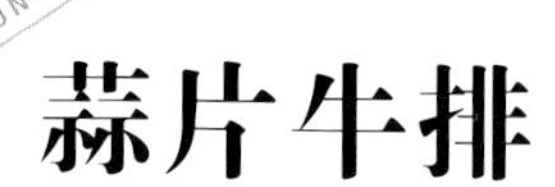

蒜片牛排

你没看错，减糖时完全可以吃牛排！
只要注意一日的红肉量不超过200g，一天不妨选一餐好好享受牛排，
例如搭配水煮西蓝花、烤西红柿及洋芋泥，就是刚刚好20g糖的完美套餐。
只要照着食谱步骤做，即便是初学者，也能轻易煎出粉嫩多汁的漂亮牛排哟！

〔总糖分〕
4.5g

〔总热量〕
343千卡

〔膳食纤维〕
0.4g

〔蛋白质〕
31.3g

〔脂肪〕
22.4g

材料：× 1人份

沙朗牛排 …… 1片（约150g、2cm厚）
大蒜 ……2粒
橄榄油 …… 2小匙
海盐 …… 适量
黑胡椒 …… 少许

做法：

1 大蒜剥皮切成蒜片，牛排抹上薄薄一层盐，置于室温腌渍15～20分钟。

2 平底锅内倒入橄榄油，中火充分热锅后转小火，将蒜片煎到边缘略呈金黄色后捞起备用。

3 接着原锅放入牛排，两面各煎1分钟后，盛起牛排置网架，静置4分钟。中火热锅后，将牛排再放回锅内，牛排两面和侧边都各煎20～30秒，盛盘前撒上少许黑胡椒，完成！

〔轻松料理〕*Point*

* 蒜片想要炸出金黄酥脆的口感，请以小火油炸煸至蒜片周围出现一圈金黄色就起锅，余热会使蒜变酥；若煎到呈深金黄色才起锅，常会因余热变焦，而散发苦味。
* 牛排若是冷冻的，需充分解冻、恢复至室温后才开始腌渍。
* 不一定要选择沙朗，也可挑选自己喜爱的牛排部位，例如翼板牛、纽约客等都可以。

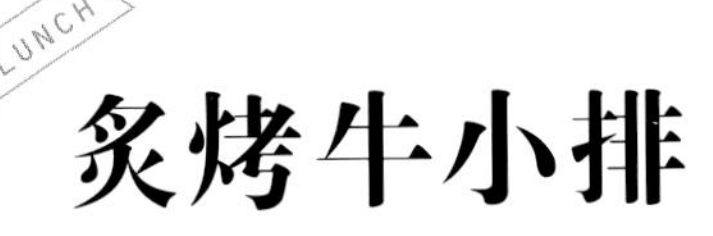

炙烤牛小排

〔制作时间〕10分钟

香气迷人的烤肉，一定要浓油厚酱或加很多糖才能腌出好味道吗？
试看着用天然水果汁腌渍的方式吧！不仅低糖低千卡、滋味自然微甘又清新，百吃不腻，搭配生菜或与蔬菜加热烹调都很适合。

〔总糖分〕
2.9g

〔总热量〕
336千卡

〔膳食纤维〕
0.2g

〔蛋白质〕
18g

〔脂肪〕
26.5g

材料：×1人份

牛小排烧烤肉片……100g

腌料
- 现榨柳橙汁……2小匙
- 酱油……2小匙
- 清酒……2小匙

橄榄油……微量（约1/2小匙）

做法：

1 将牛小排烧烤肉片和柳橙汁、酱油、清酒一起抓揉，于室温下腌渍10分钟。

2 在平底锅内涂薄薄一层橄榄油，中火热锅后，放入腌好的牛肉片煎烤2分钟，肉片煎到九分熟即起锅。锅内这时若还有剩余的腌肉酱汁，请转中大火煮滚，煮到略收汁，熄火后，将变得有些浓稠的酱汁淋在盛起的肉片上，完成。

〔轻松料理〕Point

*没有柳橙的话，也可用香吉士或柑橘榨汁取代，或使用低糖分的市售柳橙汁亦可。
*也可以用其他牛肉部位替代牛小排，例如牛五花或牛梅花，仅口感及热量会略有差异。

盐葱豆腐

〔制作时间〕 5分钟

优良的植物蛋白质，除了原形的豆类外，
豆腐也是非常好的补给来源，尤其和不同食材一起搭配着吃，
营养吸收会更佳，尝试看看用不同的烹调方式作组合，
口味多元、发现更多美味吃法也是减糖时的一大乐趣。

〔总糖分〕
6.6g

〔总热量〕
117千卡

〔膳食纤维〕
0.9g

〔蛋白质〕
8.7g

〔脂肪〕
5.9g

材料：× 1人份

板豆腐 …… 100g
洋葱 …… 10g
青葱 …… 10g
胡椒盐 …… 少许
盐 …… 1/4小匙
橄榄油 …… 1/2小匙

做法：

1 洋葱及青葱洗净切末，板豆腐用厨房纸巾吸干水分备用。

2 炒锅内倒入油，中小火热锅后放入豆腐，每面煎出漂亮的金黄色后撒少许胡椒盐先盛盘；原锅倒入葱末和洋葱末炒软，加盐调味后盛起点缀在豆腐上，完成。

Ⓐ

〔轻松料理〕Point

* 豆腐用多少切多少，没用到的部分放保鲜盒，加过滤水或开水密封冰箱冷藏（Ⓐ），可保存3天。

LUNCH

豆腐汉堡排

有时候不想吃太多肉、想换换口味又想补充足够蛋白质时，
来一份外酥内软的豆腐汉堡排如何？一般汉堡排会加入很多面粉、鲜奶
去黏合绞肉和蔬菜，减糖时并不适合常吃。真的很馋的时候，
不妨试试加入豆腐、黄豆粉并采用烘烤方式制作而成的汉堡，美味可是完全不打折。

1人份糖分7.4g

〔总糖分〕14.7g

1人份热量224千卡

〔总热量〕447千卡

〔膳食纤维〕4.4g

〔蛋白质〕36.7g

〔脂肪〕25.1g

材料：×2人份

板豆腐 …… 100g
猪绞肉 …… 80g
洋葱 …… 40g
胡萝卜…… 40g
鸡蛋 …… 1个
姜末…… 1/2小匙
黄豆粉 …… 1大匙
盐 …… 1/2小匙
油 …… 1/2小匙

做法：

1 洋葱和胡萝卜以调理机打成细末，在平底锅内倒入油，中火热锅后接着放入洋葱末和胡萝卜末，炒约5分钟，盛起放在平盘上放凉备用。

2 板豆腐用手拧掉水分，静置10分钟后再将拧碎的豆腐用厨房纸巾吸干多余水分。

3 在调理盆内放入猪绞肉和盐，搓揉1分钟直到出现黏性，然后将放凉的洋葱、胡萝卜末和捏碎的板豆腐放入，接着打入1个鸡蛋、舀入黄豆粉和姜末，充分将所有材料揉匀，放进冰箱冷藏30分钟。

4 准备烤盘，铺上一层锡箔纸，涂上薄薄一层油，将冷藏的豆腐汉堡馅取出，分成2等份，整形成2个椭圆形饼状铺在烤盘上，放进小烤箱（或一般烤箱设定200℃）烤15分钟，烤至汉堡排呈现均匀的金黄色即可出炉。

〔轻松料理〕*Point*

* 猪绞肉也可以用鸡绞肉取代。
* 想要一次多做几份保存的话，建议烤熟冷却后再密封冷冻，每次要吃的时候解冻加热即可。

茭白笋味噌汤

〔制作时间〕 15分钟

茭白笋又称美人腿，水分充足、滋味清甜、纤维含量超丰富，
可增加饱腹感和促进消化，是减糖瘦身时的好朋友。
与大豆蛋白质含量高、抗氧化又养颜美容的味噌一起炖汤，滋味格外鲜嫩清爽。
直接烤、煮熟凉拌或热炒，也是极推荐的变化方式。

1人份糖分3.6g

〔总糖分〕
7.2g

1人份热量31千卡

〔总热量〕
62千卡

〔膳食纤维〕
3.8g

〔蛋白质〕
3.6g

〔脂肪〕
1g

材料：×2人份

干昆布 …… 10g
味噌 …… 1大匙
柴鱼片 …… 10g
茭白笋 …… 150g
盐 …… 1小匙
水 …… 1000ml

做法：

1 干昆布与水一起装瓶后放冰箱冷藏1天，隔天再熬煮。

2 整瓶昆布和水都倒入汤锅内，中小火煮滚后转小火滚煮10分钟，夹出昆布，放入柴鱼片搅拌均匀后熄火，盖上盖子闷10分钟后开盖将汤汁中的柴鱼过滤去除，这时完成的是柴鱼昆布高汤。

3 转中火加热高汤，煮滚后放入去壳洗净、切成斜段的茭白笋煮2分钟，加入味噌和盐调匀后转小火煮到快要沸腾即可熄火，盛碗享用。

〔轻松料理〕Point

* 柴鱼昆布高汤可以加不同食材（如金针菇、杏鲍菇、萝卜、肉片等）作变化。
* 味噌可以先和部分汤汁调散开来，再倒入汤锅一起熬煮，会溶解得更均匀。

1人份糖分0.7g

〔总糖分〕**1.3** g

1人份热量16千卡

〔总热量〕**32** 千卡

〔膳食纤维〕3.7 g

〔蛋白质〕3.5 g

〔脂肪〕0.2 g

LUNCH

樱花虾海带芽汤

〔制作时间〕10分钟

如果饮食已经着重减糖却还一直瘦不下来，有可能是身体缺乏矿物质和维生素，这时将富含人体所需矿物质的海带芽和钙质、甲壳素丰富的樱花虾一起炖煮于昆布高汤，汤头不仅非常鲜香好喝，还能一次补给许多身体所需营养素。

材料：×2人份

干昆布 …… 10g
樱花虾干 …… 5g
干海带芽 …… 10g
水 …… 1000ml
盐 …… $1^1/_2$小匙
青葱 …… 1根

做法：

1 干昆布与水一起装瓶后放入冰箱冷藏1天，隔天再熬煮昆布高汤。

Ⓐ

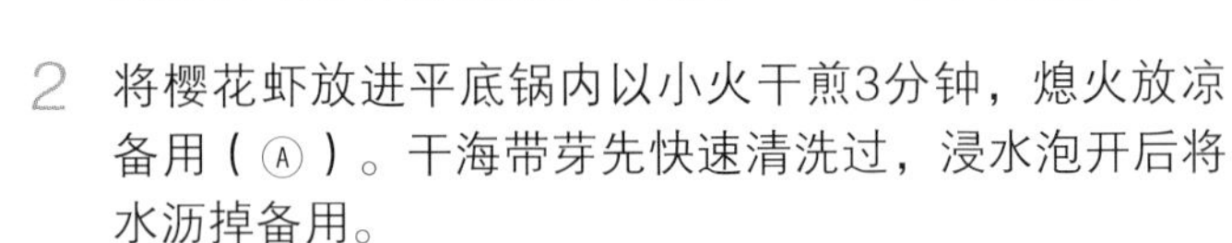

2 将樱花虾放进平底锅内以小火干煎3分钟，熄火放凉备用（Ⓐ）。干海带芽先快速清洗过，浸水泡开后将水沥掉备用。

3 整瓶昆布和水都倒入汤锅内，中小火煮滚后转小火，放进樱花虾干以小火滚煮10分钟，夹出昆布，最后加入海带芽、盐调匀，要喝之前撒少许葱花即可享用。

〔轻松料理〕*Point*

* 捞起的昆布可以直接吃或切丝凉拌，或是冷冻保存等炖卤食物时可放入一起卤。
* 昆布泡水可以放冰箱冷藏3天，平时可以常浸泡备用，减肥期间就能当成方便的常备高汤。

〔总糖分〕 0g
〔总热量〕 0 千卡
〔膳食纤维〕 0g
〔蛋白质〕 0g
〔脂肪〕 0g

LUNCH

冷泡麦茶

〔制作时间〕 10分钟

对不能喝含咖啡因饮品，或除了白开水外想偶尔换口味的瘦身族群来说，
还有什么比能消水肿、促进血液循环和提高基础代谢率的麦茶更适合呢?
清雅爽口的麦茶富含γ-氨基丁酸（GABA），能抑制血液中的中性脂肪和胆固醇，
时常饮用对瘦身更有帮助哟!

材料： ×2人份

麦茶茶包 …… 1袋
开水 …… 1000ml

做法：

将茶包和凉水一起加进冷水壶，放冰箱冷泡至少3小时后再饮用，尽量于3天内饮用完毕。

〔轻松料理〕Point

*若购买的麦茶茶包是需要滚煮后冷却的话，请参考包装说明熬煮。

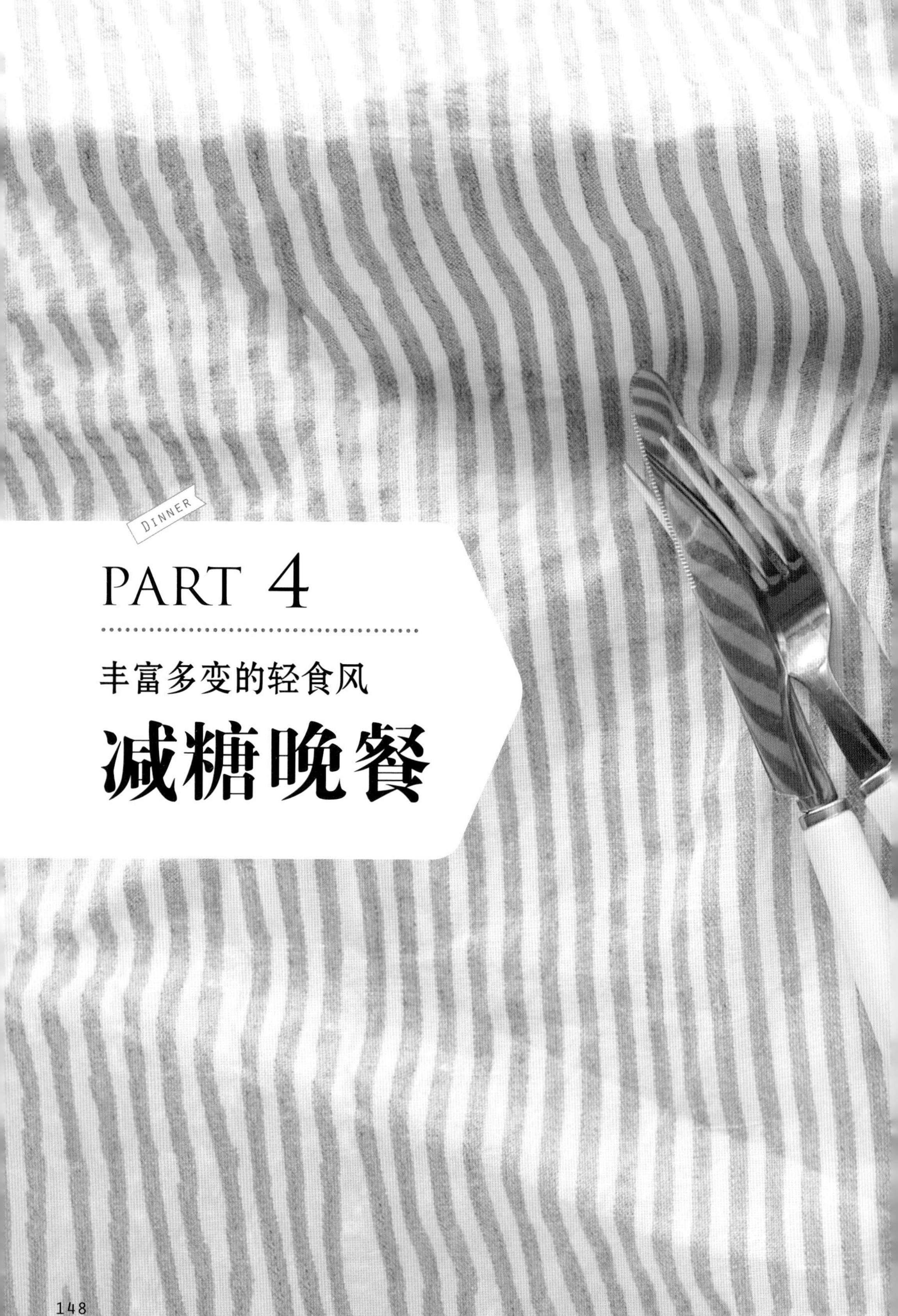

DINNER

PART 4

丰富多变的轻食风

减糖晚餐

晚餐的糖分及热量摄取应该比白天少一些，
以海鲜、蔬菜及调味清淡的轻食料理为主，补充汤品增加饱腹感，清爽无负担；
晚餐吃不吃淀粉类食物都可以，但因夜晚活动量相对较低，
建议饮食安排分量不要太多，才能让身体充分得到休息。

小鱼金丝油菜

〔制作时间〕 5分钟

早午餐如果没有吃鸡蛋的话，
晚餐的炒青蔬来变化一下，加点柔软的蛋丝如何?
以钙质和矿物质丰富的小鱼干取代蒜末煸香又是另一番滋味，
除了油菜之外，青江菜、菠菜也可以这样炒呢，
让一般的炒蔬菜更添鲜美，有机会不妨尝试看看。

〔总糖分〕
0.8g

〔总热量〕
146千卡

〔膳食纤维〕
1.6g

〔蛋白质〕
11.6g

〔脂肪〕
10.2g

材料：× 1人份

油菜 …… 100g
小鱼干 …… 5g
鸡蛋 …… 1个
盐 …… 少许
油 …… 1小匙
水 …… 少许

做法：

1 油菜洗净切段，鸡蛋蛋液加少许盐搅拌均匀备用。

2 不粘平底锅以中火加热，倒入蛋液后摇晃均匀，待边缘熟了即转成小火，煎熟后从边缘轻铲起蛋皮，放在盘上冷却。

3 炒锅内放油，中小火热锅后放入小鱼干煸炒约2分钟，接着倒入油菜段和少许水拌炒至熟，加少许盐调味后盛盘。

4 冷却的蛋皮对折后切成细丝，放在炒好的油菜上点缀，即完成。

姜煸蘑菇玉米笋

〔制作时间〕 5分钟

玉米笋虽然是玉米尚未成熟时采摘的果穗，但糖分比玉米低上许多，
它是蔬菜不是淀粉。清甜爽脆、低糖低千卡又高纤维，非常适合和多种蔬菜搭配，
既有饱腹感又能增添甘甜风味。
鸿喜菇滑嫩好入口，富含水溶性膳食纤维和多酚物质，
具有包覆脂质、胆固醇，以及减缓脂肪吸收的瘦身效果。

〔总糖分〕5.1g

〔总热量〕93千卡

〔膳食纤维〕3.7g

〔蛋白质〕4.1g

〔脂肪〕5.2g

材料：× 1人份

玉米笋 …… 50g
鸿喜菇…… 100g
老姜 …… 3片
黑芝麻油 …… 1小匙
盐 …… 1/4小匙

做法：

1 玉米笋洗净斜切成段、鸿喜菇洗净切除根部备用。

2 炒锅内倒入黑芝麻油和姜片，小火煸炒出香气后，转中火，先放入玉米笋拌炒均匀，接着放入鸿喜菇，炒软后加入盐充分拌炒，即完成。

DINNER

青葱西红柿炒秀珍菇

〔制作时间〕 8分钟

西红柿中的柠檬酸可帮助代谢糖分、燃烧脂肪，
经过加热才会释放的番茄红素也有吸收多余脂肪的效果，
而秀珍菇也能减少小肠对糖类与脂肪的吸收，
两者都是对瘦身有帮助的食材，不妨多多运用。

〔总糖分〕
9g

〔总热量〕
102千卡

〔膳食纤维〕
2.5g

〔蛋白质〕
3.4g

〔脂肪〕
5.2g

材料： × 1人份

西红柿 …… 1个（约150g）
秀珍菇…… 50g
青葱…… 1根
酱油 …… 1小匙
味醂 …… 1/2小匙
盐 …… 1/2小匙
橄榄油 …… 1小匙

做法：

1 西红柿洗净去除蒂叶后切成大块，秀珍菇洗净先放一旁，青葱洗净后切成段，将葱白、葱绿分开。

2 锅内加入油后，以中火热锅，先放入葱白拌炒一会儿，再放入秀珍菇炒至水分逼出，接着放入西红柿拌炒。

3 炒到西红柿软化后加入酱油、味醂、盐拌匀，起锅前撒入葱绿，略拌一下即可盛盘。

冷拌蒜蓉龙须菜

〔制作时间〕 5分钟

椰子油主成分是中链脂肪酸，它的好处是，进入体内经由肠道吸收后，
会立即在肝脏燃烧作为能量消耗，有不易囤积体脂肪的优点。
但椰子油毕竟属于饱和脂肪酸，摄取量还是要稍加控制。
晚上因身体代谢趋缓，烹调时可多运用椰子油替代一般油脂，
冷拌或低温烹调都很适合。

〔总糖分〕
5g

〔总热量〕
83千卡

〔膳食纤维〕
1.9g

〔蛋白质〕
3.2g

〔脂肪〕
5.2g

材料：× 1人份

龙须菜 …… 100g
胡萝卜 …… 15g
大蒜 …… 1粒
酱油 …… 1小匙
盐 …… 1小匙
椰子油 …… 1小匙

做法：

1 龙须菜洗净后，用手摘成适口的小段，摘掉粗硬的梗，胡萝卜洗净削皮后，以削刀削出小薄片，另外在调理盆内加入椰子油和酱油备用。

2 准备小锅水，加入1小匙盐，煮滚后先放入胡萝卜片汆烫数秒，接着放入龙须菜汆烫15秒，和胡萝卜一同捞起，沥除水分。

3 大蒜切成蒜末，和汆烫好的龙须菜和胡萝卜放入调理盆，趁还有余温和椰子油、酱油充分混拌，盛盘即可。

奶油香菇芦笋烧

〔制作时间〕 5分钟

紫洋葱色泽不仅好看，还含有抗氧化、抗发炎的花青素和槲皮素，
它的糖分甚至比黄、白洋葱还低一些。
将紫洋葱的烹调时间减少一点，颜色会较紫亮，脆口；
炒软一点时，滋味则会比较甘甜。
洋葱与清脆并含有多种人体必需元素的芦笋及软滑又营养的香菇一起料理，
不但口感层次多，也能获得更多营养素。

〔总糖分〕9.7g

〔总热量〕119千卡

〔膳食纤维〕5g

〔蛋白质〕4.2g

〔脂肪〕4.6g

材料：×1人份

绿芦笋 …… 1/2把（80g）
新鲜香菇 …… 80g
紫洋葱 …… 50g
味噌 …… 1/2小匙
清酒 …… 2小匙
盐 …… 1/4小匙
黑胡椒 …… 少许
无盐奶油 …… 5g

做法：

1 蔬菜全部充分洗净，芦笋切成4cm的小段，新鲜香菇对半切，洋葱切成丝；味噌和清酒先加进小杯内调和均匀，备用。

2 炒锅内放入无盐奶油，以中火充分热锅，待奶油熔化放入洋葱丝先拌炒约30秒，接着放入香菇和味噌、清酒，拌匀后盖上锅盖，焖1分钟。

3 打开锅盖，加入芦笋炒1分钟，撒入盐、黑胡椒炒均匀即可盛盘。

〔轻松料理〕*Point*

*若买不到紫洋葱也可用其他颜色的洋葱替代（白洋葱50g：糖分4.3g、热量21千千卡；黄洋葱50g：糖分4.1g、热量21千千卡）。

木耳滑菇炒青江菜

〔制作时间〕6分钟

深绿色的低糖质蔬菜中，青江菜是一年四季常见又清脆可口的好选择，
钙含量高又具有抗氧化硫化物，叶酸、维生素C、β胡萝卜素也很丰富，
和富含钙质、铁质、蛋白质的黑木耳，及具有粗纤维、可调节胆固醇代谢的金针菇，
口感层次多，又能一次获得多种养分。

〔总糖分〕
7.8g

〔总热量〕
121千卡

〔膳食纤维〕
7.6g

〔蛋白质〕
4.7g

〔脂肪〕
5.5g

材料：×1人份

青江菜 …… 100g
金针菇 …… 1/2包（约100g）
黑木耳 …… 50g
大蒜 …… 1粒
白胡椒粉 …… 少许
乌醋 …… 1小匙
盐 …… 1/3小匙
橄榄油 …… 1小匙

做法：

1 青江菜洗净去除根部、切段，黑木耳洗净切成长条状，金针菇洗净，大蒜切成末备用。

2 炒锅内加入油后以中火热锅，放入蒜末后转中小火煸炒至略呈金黄色，接着放入青江菜叶以外的根部段，拌炒约1分钟，然后放入木耳、金针菇、少许水炒均匀。

3 转中大火，放进菜叶、盐、白胡椒粉炒熟，起锅前淋乌醋拌一下添香，即完成。

〔轻松料理〕Point

＊金针菇在切的时候，连包装一起从中央剖切（Ⓐ），没用到的那一半可直接连包装放入保鲜盒密封，冰箱冷藏请于3天内用完。

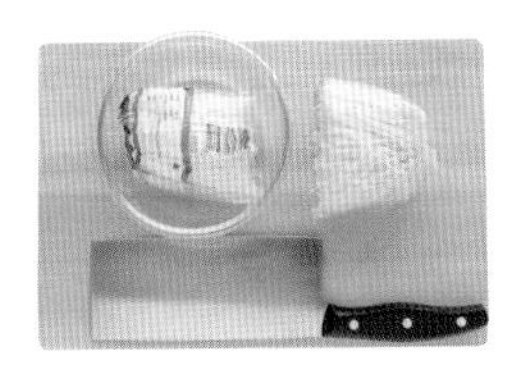

Ⓐ

〔总糖分〕	〔总热量〕	〔膳食纤维〕	〔蛋白质〕	〔脂肪〕
0.7g	283千卡	0g	27.8g	18.2g

柠檬鸡腿排

〔制作时间〕15分钟

晚上一样可以以肉类作为主要蛋白质来源，
但是建议吃得清爽些，在调味及制作的程序上可以再简单一些，
对消化及瘦身都有很好的帮助。

材料：×1人份

无骨鸡腿排 …… 1片（约150g）

腌料
- 柠檬汁 …… 2小匙
- 橄榄油 …… 1小匙
- 盐 …… 1g

黑胡椒 …… 少许

〔轻松料理〕Point

＊可提前一天腌渍鸡腿冷藏备用，建议一次腌的分量在2天内烹调食用完毕。

做法：

1 将无骨鸡腿排的表皮用叉子戳出一些洞（Ⓐ），鸡肉那面用小刀切划一些刀痕（也就是俗称的断筋，请参考Ⓑ），与盐、柠檬汁、橄榄油充分揉和，放置冰箱冷藏腌至少1小时。

2 从冰箱取出鸡腿排，静置恢复至室温后以厨房纸巾充分吸干。

3 鸡皮面朝下放入平底锅，锅内不用放油，以中大火煎2～4分钟，适时以锅铲压肉让鸡皮与锅面贴合，待煎出金黄香脆的鸡皮后再翻面。

4 翻面后以中大火煎2分钟，然后转小火继续煎8分钟，起锅前撒上少许黑胡椒，即完成。

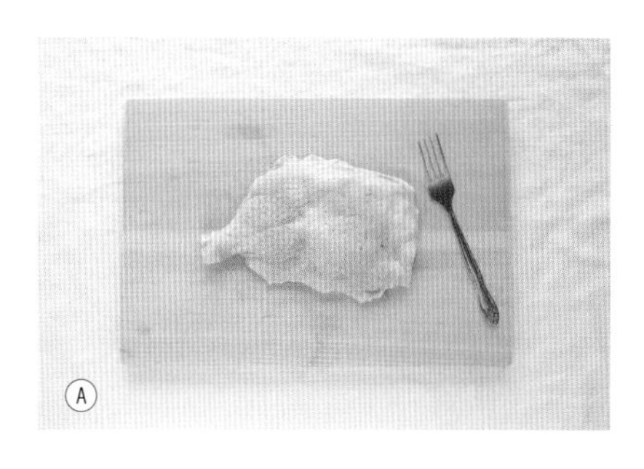
Ⓐ

Ⓑ

黑胡椒洋葱猪肉

〔制作时间〕 5分钟

洋葱含有二烯丙基二硫（Diallyl disulfide），
能促进血液循环，加速身体代谢，能有效降血脂又能帮助排毒。
油脂少的猪后腿肉虽然口感较扎实，但切成肉丝状很适合和蔬菜一起热炒，
尤其搭配口感柔软一点的蔬菜，层次表现会更鲜明。

〔总糖分〕6.8g 〔总热量〕206千卡 〔膳食纤维〕1g 〔蛋白质〕21.9g 〔脂肪〕9.1g

材料：×1人份

洋葱 …… 50g
猪后腿肉 …… 100g
青葱 …… 1根
黑胡椒 …… 少许
腌料：
- 酱油 …… 2小匙
- 米酒 …… 1小匙

橄榄油 …… 1小匙

做法：

1 猪后腿肉切成肉丝后，与酱油、米酒先充分抓揉，腌渍20分钟。洋葱洗净切丝，青葱洗净切成段，将葱白、葱绿分开。

2 炒锅内放入油，中火热锅后，先加入洋葱炒至略微软化，接着放入葱白拌炒一下，放入腌好的肉丝煎炒，直到肉丝颜色完全反白，撒入黑胡椒和葱绿拌匀，即可起锅盛盘。

韩式蔬菜牛肉

改良自韩式炒牛肉做法。低千卡高蛋白的牛肉，
腌渍到酱香十足并带有果香，比加糖炒的版本更自然清甜，
和富含维生素C的蔬菜一起热炒还能帮助铁质吸收，
搭配少许米饭和清汤就是丰盛的一餐。

〔总糖分〕13.4g
〔总热量〕261千卡
〔膳食纤维〕4.6g
〔蛋白质〕23.9g
〔脂肪〕10.9g

材料：×1人份

牛梅花火锅肉片 ……100g
青椒 …… 75g
黄甜椒 …… 50g
胡萝卜 …… 50g
盐 …… 1/3小匙

腌料
- 酱油…… 1大匙
- 苹果泥 …… 1大匙
- 蒜泥 …… 1小匙
- 香油 …… 1小匙
- 白芝麻 …… 3g

做法：

1. 在调理盆内加进腌料所有材料，放入牛梅花火锅肉片腌渍15分钟。
2. 将青椒、黄甜椒、胡萝卜切成丝，在一炒锅内加入2大匙水，以中火煮滚，先放入胡萝卜丝拌炒3分钟，接着放入青椒、黄甜椒丝炒2分钟，撒入1/3小匙盐拌匀。
3. 将做法2的蔬菜推到锅子边缘，炒锅中央放入腌好的牛肉炒约2分钟，直到肉片略反白变色，再跟所有蔬菜一起拌炒，炒匀后即可起锅盛盘。

〔总糖分〕 3.5g

〔总热量〕 303 千卡

〔膳食纤维〕 0.3g

〔蛋白质〕 20.8 g

〔脂肪〕 22.2 g

速蒸比目鱼

〔制作时间〕 10分钟

白肉鱼绝对是减肥时不可或缺的食物来源，对增肌减脂有极大帮助，
容易购买到的比目鱼块蛋白质丰富，是极佳的晚餐选择。
如果白天的饮食都含有油脂作烹调，
那么晚上不妨选择清蒸的方式料理会更清爽。

材料：× 1人份

比目鱼片……1片（约150g）
青葱 …… 1根
酱油 …… 2小匙
米酒 …… 1小匙

做法：

1 将青葱洗净切成段，葱白和葱绿分开，葱绿切成细丝后浸泡冷水，备用。

2 将酱油和米酒倒入蒸盘调匀，摆入比目鱼片，朝下那一面静置腌10分钟（Ⓐ）；翻面腌10分钟，铺上葱白段（Ⓑ）。

3 电锅倒入$^{2}/_{3}$米杯水，摆入蒸架和装有比目鱼的盘子，盘子上覆盖一层烘焙纸，防止水分滴落盘内稀释汤汁，盖上锅盖按下电源开关直到按钮跳起。

4 取出蒸好的鱼后，将沥水吸干水分的葱绿细丝放上点缀，可视口味决定是否加些辣椒增添辛辣味及香气。

Ⓐ

Ⓑ

盐烤三文鱼

〔制作时间〕 10分钟

三文鱼的营养价值高，有丰富的Omega-3、DHA等不饱和脂肪酸和必需脂肪酸EPA、B族维生素等，能活化脑细胞、减少疲劳还能预防疾病，对身体健康很有帮助。抹盐香煎既方便又美味，减糖时是主菜的好选择。

〔总糖分〕 0g

〔总热量〕 281千卡

〔膳食纤维〕 0g

〔蛋白质〕 36.5g

〔脂肪〕 14g

材料： ×1人份

三文鱼片 …… 1片（约150g）
盐 …… 适量
橄榄油 …… 1小匙

做法：

1 三文鱼片置于室温解冻恢复至室温，撒薄薄一层盐，腌15分钟。

2 油倒入平底锅，以中火充分热锅，腌好的三文鱼请先用厨房纸巾充分吸干水分再下锅。一面煎2～3分钟，煎的过程可用铲子轻轻将鱼肉往锅面压平，以煎出金黄酥脆的外衣；翻面后继续以中火煎1分钟，然后转小火煎1分钟即完成。

〔轻松料理〕*Point*

* 鱼肉下锅煎之前务必将外表水分彻底吸干，可避免遇热油喷溅的危险或粘锅，此外，还能煎出外表酥脆的口感。
* 较厚的三文鱼排腌渍时间和煎烤的时间都要延长，没有把握的话，可以全程以中小火或小火慢煎至熟。
* 想更快速的话，可购买市售的盐渍三文鱼片，省去腌渍的时间。

〔总糖分〕5.1g 〔总热量〕228千卡 〔膳食纤维〕1.2g 〔蛋白质〕20.6 g 〔脂肪〕14.4g

DINNER

椒盐鱼片

〔制作时间〕8分钟

容易购买的鲷鱼片，料理的运用度非常广泛，除了直接煎也可以煮汤、蒸食，或采用半煎、半炸的方式，裹粉后煎酥再调味都很美味，

吃法很多，在减糖期间不妨多变化。

材料：×1人份

鲷鱼片 …… 100g
黄豆粉 …… 1小匙
大蒜 …… 1粒
青葱 …… 1根
干辣椒 …… 1根
胡椒盐 …… 适量
盐 …… 适量
油 …… 2小匙

做法：

1 在鲷鱼片的两面撒上薄薄一层盐，腌渍10分钟。大蒜剥皮切成末、青葱洗净切成葱花、干辣椒切碎，备用。

2 将腌好的鲷鱼片切成一口大小，放入保鲜盒，加入黄豆粉后密封盖上，轻轻摇晃让黄豆粉均匀裹在鱼片上（Ⓐ），静置5分钟，待干粉被鱼肉本身的湿度浸润返潮（Ⓑ），再进行下一步骤。

3 将油倒入煎锅内，以中火热锅后放入鱼片煎至两面呈漂亮金黄色，接着将鱼肉盛起，以锅内余油小火爆香蒜末、葱花、干辣椒末，再把鱼片放回锅中，撒适量胡椒盐略加拌炒，起锅盛盘即完成。

Ⓐ

Ⓑ

居酒屋风炙烤花枝杏鲍菇

〔制作时间〕 8分钟

花枝和杏鲍菇都是富含优良蛋白质的食物，
尤其花枝具有不饱和脂肪酸、杏鲍菇富含膳食纤维，
两者对降血脂都有很大帮助，而且也非常适合炙烤，
偶尔想吃宵夜的时候，是个好选择，非常推荐。

〔总糖分〕 9.5g

〔总热量〕 129 千卡

〔膳食纤维〕 3.3g

〔蛋白质〕 15 g

〔脂肪〕 3.4g

材料：× 1人份

花枝 …… 1尾（约100g）
杏鲍菇 …… 100g
腌料
- 清酒 …… 1小匙
- 盐 …… 2小撮

辣椒粉 …… 少许
胡椒盐 …… 少许
橄榄油 …… 1/2小匙

做法：

1 将花枝洗净、去除脏器后切块，和盐、清酒抓腌10分钟；杏鲍菇切成薄片，备用。

2 在烤盘上铺上锡箔纸，涂上一层橄榄油，铺上撒了辣椒粉和胡椒盐的杏鲍菇切片以及花枝，以小烤箱（或一般烤箱设定200℃）烤10分钟，夹出盛盘。

蒜辣爆炒鲜虾

〔制作时间〕 8分钟

类似西班牙蒜辣虾的做法，需要略多的橄榄油和大蒜去爆炒。
这道料理蒜香迷人、辛香够味、虾肉鲜弹，好吃到时常会想做来吃。
正因为减糖不用过于顾忌油脂烹调，才能如此愉快地享受美味。

〔总糖分〕 3.6g

〔总热量〕 166千卡

〔膳食纤维〕 0.4g

〔蛋白质〕 15.3g

〔脂肪〕 10.5g

材料：×1人份

草虾仁 …… 150g
大蒜 …… 2粒
干辣椒 …… 2根（仅增香不食用）
黑胡椒 …… 少许
盐 …… 适量
橄榄油 …… 2小匙

做法：

1 大蒜剥皮切成薄片，将草虾洗净去头壳去肠泥，取出草虾肉和2撮盐抓腌5分钟。

2 在平底锅内倒入橄榄油，以中火热锅后转小火，放入蒜片和干辣椒，慢慢煸炒3分钟。

3 待香气溢出，将蒜片及干辣椒拨到锅子的边缘，转中火，将虾肉以纸巾彻底吸干水分再放入锅内煎烤，两面各煎约1分钟，撒入$^1/_4$小匙的盐，接着和蒜、黑胡椒及干辣椒一起拌炒均匀，即可起锅盛盘。

〔轻松料理〕Point

*体积较大的草虾仁，煎烤时可延长多一点时间。

毛豆虾仁

〔制作时间〕 10分钟

有时不妨运用一些大豆类食物取代大量淀粉，作为日常饮食的一部分，
营养价值高又具有饱腹感。像毛豆就属于大豆类食物，
含有丰富的植物性蛋白和膳食纤维，而且毛豆还能清除血管壁脂肪的化合物，
对降低血脂和血液中的胆固醇都有很大帮助。
搭配鲜美有弹性、无糖分低热量的虾肉，非常美味。

〔总糖分〕 4.4g

〔总热量〕 223 千卡

〔膳食纤维〕 3.4g

〔蛋白质〕 29.5 g

〔脂肪〕 7.6g

材料：× 1人份

毛豆仁 …… 50g

白虾虾仁 …… 100g

大蒜 …… 1粒

腌料
- 米酒 …… 1小匙
- 盐 …… 适量
- 白胡椒粉 …… 适量

橄榄油 …… 1小匙

做法：

1 大蒜去皮切成蒜末；虾子洗净去除头、壳，挑除肠泥，将取出的虾仁水分以纸巾吸干，然后加入1/2小匙盐、米酒、少许白胡椒粉抓揉均匀，腌10分钟。

2 毛豆仁洗净，准备小锅水加1小匙盐，水煮滚后放入毛豆仁汆烫3分钟，烫好后捞起沥干水分，备用。

3 炒锅内加入橄榄油，中火热锅后放入蒜末爆香，接着放进腌好的虾仁煎炒2分钟，再放入毛豆仁拌炒1分钟，起锅完成。

香煎奶油干贝

〔制作时间〕 3分钟

干贝的蛋白质含量远高于虾肉，具有降胆固醇的功用，
用最简单的方式干煎或蒸烤，即非常鲜美。
很适合搭配蔬菜或做成沙拉食用，尤其想犒赏自己一下时，更加推荐。

〔总糖分〕2.5g 〔总热量〕123 千卡 〔膳食纤维〕0g 〔蛋白质〕19.1 g 〔脂肪〕4.7g

材料：×1人份

干贝 …… 150g
无盐奶油 …… 5g
胡椒盐 …… 少许

做法：

1 将可生食的冷冻干贝退冰后，用厨房纸巾充分吸干水分备用。

2 奶油放入煎锅，以中小火熔化后放入干贝，煎至两面呈金黄微焦的色泽即可盛盘，要吃之前再撒少许胡椒盐。

〔轻松料理〕Point

*解冻干贝比较适合前一晚放置冰箱冷藏，自然解冻，或是在用餐前置于室温解冻。

蒜苗盐香小卷

〔制作时间〕 7分钟

小卷是一种无论煮汤或是蒸炒都很美味的海鲜，
是想瘦身时适合的食材。由于不饱和脂肪酸含量高，对预防心血管疾病很有帮助。
蒜苗也同样具有降血脂和预防心血管疾病的功用，
与小卷一起半蒸、半炒后，鲜甜滋味表现得会更有层次。

〔总糖分〕 5.2g

〔总热量〕 173 千卡

〔膳食纤维〕 1g

〔蛋白质〕 24.7g

〔脂肪〕 5.6g

材料：× 1人份

小卷 …… 150g
蒜苗 …… 1/2根
米酒 …… 1小匙
胡椒盐 …… 适量
橄榄油 …… 1小匙

做法：

1 蒜苗洗净切成斜段，小卷洗净后掏除内脏、软骨备用。

2 炒锅内加橄榄油以中火热锅，加入蒜苗后稍微拌炒，接着加入小卷拌匀，盖上锅盖焖2分钟后打开锅盖，淋入米酒，撒入少许胡椒盐拌炒一会儿，起锅盛盘，即完成。

DINNER

鲜甜蔬菜玉米鸡汤

〔制作时间〕 20分钟

鸡骨高汤和不同种类的蔬菜一起炖煮，色泽丰富漂亮，营养也更多元，
喝起来非常爽口，散发自然甘美的滋味，对于减糖时想运用汤品补充蔬菜养分，
或搭配蛋白质食物、少许淀粉，希望提升饱腹感的情况非常方便适用，
有时候也可以一次炖煮多一些高汤密封冰箱冷冻，搭配餐点会更轻松。

1人份糖分13.3g

〔总糖分〕**26.5**g

1人份热量150千卡

〔总热量〕**300**千卡

〔膳食纤维〕**9.3**g

〔蛋白质〕**24.6**g

〔脂肪〕**7.5**g

材料：×2人份

鸡胸骨 …… 2副
大白菜 …… 100g
胡萝卜 …… 50g
黄玉米 …… 1根（约140g）
青葱 …… 1根
盐 …… 1½小匙
水 …… 1000ml

做法：

1 熬汤用的鸡胸骨洗净，准备一锅水（水约略没过鸡胸骨的分量），将水以大火煮滚后放入鸡胸骨，煮至水再次滚，转小火煮3分钟，捞起鸡胸骨将浮沫洗干净。

2 准备一个汤锅，注入1000ml水和一根洗净的青葱，中大火煮滚，放入汆烫过的鸡胸骨后，转小火炖1小时。

3 放入洗净切成厚片的胡萝卜、切段的黄玉米，煮15分钟，最后放入大白菜和盐再煮15分钟，即完成。

〔轻松料理〕*Point*

＊也可以只熬鸡胸骨高汤，另外自行搭配喜欢的食材做不同变化（Ⓐ）。

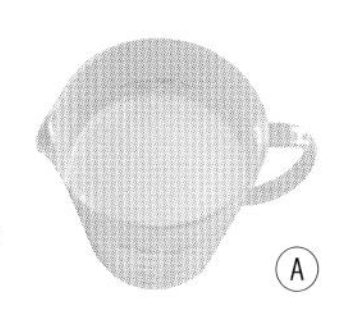
Ⓐ

〔总糖分〕 0.8g

〔总热量〕 208千卡

〔膳食纤维〕 0.1g

〔蛋白质〕 21.8g

〔脂肪〕 12g

DINNER

姜丝虱目鱼汤

〔制作时间〕 5分钟

这道简易鱼汤的做法适用于绝大多数的白肉鱼，
像石斑、鲈鱼、比目鱼及吴郭鱼也都适用，
能让汤的烹调过程大幅缩减也能快速产生鲜味，
饱腹感十足，非常推荐多多运用。

材料：× 1人份

虱目鱼片 …… 100g
嫩姜 …… 10g
米酒 …… 1小匙
油 …… 1/2小匙
水 …… 400ml
盐 …… 1/3小匙

做法：

1 嫩姜洗净先切片后再切成细丝，在汤锅内抹一层油，小火煎香姜丝。

2 加入水和米酒，以中火煮滚后放入鱼片，炖煮3分钟加入盐，再转小火煮1分钟，即完成。

〔总糖分〕	〔总热量〕	〔膳食纤维〕	〔蛋白质〕	〔脂肪〕
0.8g	61千卡	1.4g	1.1g	5.2g

DINNER

麻油红凤菜汤

〔制作时间〕 5分钟

红凤菜又称红菜，铁质丰富，花青素和膳食纤维含量也高。
过去曾有很多说法表示它不适合夜间食用，
其实是因为红凤菜偏凉性的属性导致这样的说法，
若和热属性的麻油、姜等食材一起充分加热，就不用担心性寒的问题，请安心享用。

材料：×1人份

红凤菜叶 …… 50g
嫩姜 …… 3片
黑芝麻油 …… 1小匙
米酒 …… 1小匙
水 …… 350ml
盐 …… 1/2小匙

做法：

1. 将嫩姜洗净削皮后切成薄片；红凤菜洗净用手摘折下菜叶，硬梗去除，备用。
2. 汤锅内倒入黑芝麻油以中小火热锅，放入嫩姜煎出香气后，倒入水和米酒以中火煮滚。煮滚后放进红凤菜叶，汆烫约1分钟，加进1/2小匙盐搅拌后再煮1分钟，即完成。

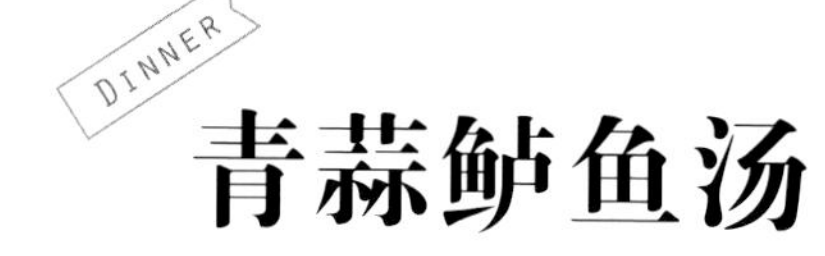

青蒜鲈鱼汤

〔制作时间〕15分钟

鲈鱼肉质白嫩带有弹性，是台湾很常见的鱼类，无糖、低千卡，
富含脂溶性维生素（维生素A、D），能有效提升身体抵抗力。
煎香后和能让汤头快速鲜美的蛤蜊一起煮，佐上丰富的葱蒜九层塔添香，
滋味鲜甘、香气浓郁，再搭配一份蔬菜就是完美的减糖套餐，
美味既有饱腹感又能保健身体。

材料：×1人份

鲈鱼鱼片 …… 1片（约100g）
蛤蜊 …… 300g
青葱 …… 1根
蒜苗 …… 1/2根
大蒜 …… 1粒
九层塔 …… 少许
清酒 …… 1大匙
水 …… 500ml
盐 …… 1/4小匙
橄榄油 …… 2小匙

〔总糖分〕14g

〔总热量〕340千卡

〔膳食纤维〕1.6g

〔蛋白质〕44.1g

〔脂肪〕13g

做法：

1 鲈鱼鱼片两面各撒一层薄盐，室温下腌15分钟。青葱洗净切成葱花，葱白、葱绿分开；蒜苗洗净切碎、大蒜切成末、九层塔洗净沥干，备用。

2 平底锅内倒1小匙橄榄油以中火热锅，将鱼片用厨房纸巾彻底吸干水分、鱼皮朝下放入锅内煎，煎到鱼皮外观呈金黄焦酥后翻面，两面煎熟后盛起放入汤碗内。

3 炒锅内倒1小匙橄榄油，中小火爆香葱白、蒜末，炒出香气后放入蛤蜊、清酒拌炒，蛤蜊壳一打开就先将蛤蜊夹起，备用。

4 炒锅内倒入清水煮滚，放进蒜苗和盐以中火滚煮3分钟，若有浮沫请用滤网捞除，放回蛤蜊，接着小火煮2分钟，撒入九层塔拌匀。

5 熄火，将全部的汤倒入装着鱼片的汤碗内，即完成！

〔轻松料理〕*Point*

＊平时可购买市场冷冻区的大包鲈鱼片（每片100～150g），平时保存在冰箱冷冻库。单片包装的鱼片容易解冻，无论干煎、蒸食、熬汤都非常方便。

韩式泡菜蛤蜊鲷鱼锅

〔制作时间〕 12分钟

偶尔想吃小火锅的时候，只要一锅就能同时满足糖分热量及多种营养，不妨以这样的形式增减自己喜欢的食材作变化，觉得不够饱腹的话，还可以添加一些糖质极低的魔芋面。

材料：×1人份

蛤蜊 …… 100g
鲷鱼片 …… 100g
嫩豆腐 …… 150g
洋葱 …… 50g
美白菇 …… 100g
韩式泡菜 …… 30g
青葱 …… 1根
姜末 …… 1小匙
蒜末 …… 1小匙
酱油 …… 2小匙
油 …… 1小匙
香油 …… 1小匙
盐 …… 1小匙
水 …… 600ml

〔总糖分〕18.9g

〔总热量〕393千卡

〔膳食纤维〕4.9g

〔蛋白质〕38g

〔脂肪〕18.5g

做法：

1 蛤蜊、美白菇、青葱洗净，嫩豆腐切成大块，洋葱切丝备用。

2 汤锅内加入油及香油，中火热锅后放入姜和蒜末炒香，接着放入洋葱拌炒2分钟。

3 加入蛤蜊、韩式泡菜、酱油拌匀，注入水和盐以大火煮滚，转小火盖上锅盖焖15分钟。打开锅盖放进美白菇、鲷鱼片、嫩豆腐、切段青葱，再煮5分钟即可上桌。

附录 1

偶尔放松一下！减糖休息日这样安排

减糖无压力，犒赏自己也不担心复胖

以前我只要一减肥就像拉起警戒线，凡是与肥胖扯上边的连看都不敢看，生怕一个忍不住就狂吃猛喝，结果就是越压抑越难以克制，就算面前没有任何诱惑也一直在心里偷想，然后就在某个意想不到的时刻着魔般失控。

减糖之后，这种压抑的感觉几乎消散，因为减糖是容许偶尔“小犯规”的。我自己是在阶段性目标达成后，才每隔一段时间“小放松”，比如瘦了5kg就去旅行，每减一个月就休息一天，这样做法并不像过去容易复胖，反而能让心情获得调适并更能持续，这样的方式对生活中无法脱离美食的我非常受用。

减糖初期瘦下4kg后，每个月一次带孩子出远门，我会小放松一两天，回来就继续减糖；减糖半年瘦了7kg时，去了京阪自助6天。好几天在民宿自己做早餐，外出也愉快地吃，那是第一次给自己好好放大假，没想到在天天大吃的情况下，回国后体重却没有增加，不像以前一趟出游就肥一圈。回来后立即恢复减糖，身形就能维持不会走样。该投入的时候全心投入，该吃该玩就要疯狂尽兴，各方面都满足了，保持平衡才不会失衡。

减糖过程碰到家庭聚餐、朋友聚会或各种节日喜庆，我会视自己的瘦身状况做评估，平时很努力也达到阶段目标的话，那就放松一下。不满意，那就依据减糖原则夹取适合的食物，不要给自己“减肥就必须处处节制”这种压力，减肥根本不必这么可怜好吗?

减糖饮食弹性大，不再怕油又怕肉！

我常收到读者问我跟同事聚餐或喜宴时，减糖该怎么吃？这些场合其实一样可以减糖，而且也不会有人发现，像是喜宴少吃羹汤或糖醋等重调味的食物、多夹生鱼片或多吃海鲜和鸡汤，这些低糖的美食，不要吃过量就好，根本不用担心。跟亲友聚餐时不妨主动提议适合的场所，像火锅、烧烤、日式料理或轻食餐厅等都是好的选择，既可以开心地大家一起用餐，又能让自己的心与胃都得到满足，现在我反而觉得减糖后，饮食变得更均衡、更自在愉快。

平常减糖都吃足吃好，一段时间来个“休息日”，没理由这样还坚持不了。有试过怕油、怕肉、什么都怕的不当热量减肥法的话，比较一下，相信你的感触会更深。减糖能吃的食物范围宽阔太多了，是我所有瘦身历程中吃最多盐酥鸡和排餐的一次，却是唯一一次我真正瘦，并且瘦很久的一次（不过我并不鼓励大家常吃，毕竟油炸物对身体无益）。

不过，减肥再怎么人性化毕竟还是减肥，无论再厉害再容易维持的方法都不可能瘦了就永不发福，也不可能一旦坚持就没有想松懈的瞬间，如何不被欲望扑倒，需要适时跟诱惑打交道，但要达到目标还是需要一定的努力。

我常跟大家说“什么都能吃，只要留意糖分、控制分量”这句话并没有什么玄机，意思就是平日好好减糖，碰到很想吃的犯规食物偶尔吃一点不会怎样。但是，重点来了，如果还没达到阶段目标就动不动心想：“吃一点有什么关系！”或是“明天再开始好了”这样，是不可能瘦下来的。

控制好分量，面包甜点照样吃

还有，在家里我很喜欢各种手做烘焙，几乎每周都会制作，接触淀粉和甜点的机会很多。许多读者常问我："我看你很爱烘焙，这样怎么减得了肥？""你不是在减糖？做面包你都不吃吗？"

关于这些问题，答案是我一定会吃，因为必须试吃才知道到底满不满意。虽然都会尝，但是我吃的量很注意；一样会吃高糖分的食物，但是减糖期间就是超级节制。

好好感受生活中的各种美好很重要，是日常不可或缺的调剂，像美食这样的诱惑并不是恶魔，当你可以清楚了解大部分食物的糖分多寡和食用的分量比重后，日常自然会拿捏饮食的分寸。当自我的要求做到了，适时的享受才能有更多动力前进，不是吗？

好好减糖，懂得适时放松，生活更健康更有活力，每一天都会更值得期待！

和孩子一起烘焙是我的生活习惯，也是促进感情的休闲活动，完全不妨碍我对减糖的热爱。

附录 2

营养成分速查表

可将下面速查表贴在冰箱上，或另外收纳以便时常翻阅，
购买食材及计算搭配时都更迅速方便。等熟悉书中减糖料理的制作方法，
就不用经常翻书，只要直接看表格就能马上料理，效率更高！

淀粉类食物营养成分速查表

糙米饭

P.58

材料	分量	糖分（g）	热量（kcal）	膳食纤维（g）	蛋白质（g）	脂肪（g）
糙米	1 米杯（生米约 140g）	99	497	4.6	10.9	3.2
水	1½ 米杯	0	0	0	0	0
总计	熟糙米饭约 330g	99	497	4.6	10.9	3.2
熟糙米饭	每 10g	3	15	0.1	0.3	0.1

烤南瓜

P.60

材料	分量	糖分（g）	热量（kcal）	膳食纤维（g）	蛋白质（g）	脂肪（g）
南瓜	100g	9.7	49	1.4	1.7	0.2
橄榄油	1/2 小匙	0	22	0	0	2.5
海盐	适量	0	0	0	0	0
总计	1 人份	9.7	71	1.4	1.7	2.7

迷迭香海盐薯条

P.61

材料	分量	糖分（g）	热量（kcal）	膳食纤维（g）	蛋白质（g）	脂肪（g）
土豆	100g	13.1	68	1.2	2.2	0.1
迷迭香	1 枝	0	0	0	0	0
橄榄油	1 小匙	0	44	0	0	5
海盐	少许	0	0	0	0	0
总计	1 人份	13.1	112	1.2	2.2	5.1

万用比萨饼

P.62

材料	分量	糖分（g）	热量（kcal）	膳食纤维（g）	蛋白质（g）	脂肪（g）
高筋面粉	160g	114	579	3	20.6	1.9
全麦面粉	75g	47.5	269	6	9.8	1.3
洋车前子谷粉	15g	0.3	30	13.2	0	0
盐	3g	0	0	0	0	0
赤藻糖醇	15g	15	0	0	0	0
速发干酵母	2g	0.4	7	0.4	0.9	0
水	190ml	0	0	0	0	0
总计	12 个	177.2	885	22.6	31.3	3.2
独计	1 个	14.8	74	1.9	2.6	0.3

微笑全麦佛千卡夏

P.66

材料	分量	糖分（g）	热量（kcal）	膳食纤维（g）	蛋白质（g）	脂肪（g）
高筋面粉	130g	92.5	471	2.5	16.8	1.6
全麦面粉	100g	63.4	359	8	13	1.7
杏仁粉	15g	6.4	80	0.7	1.5	5.5
洋车前子谷粉	5g	0.1	10	4.4	0	0
盐	3g	0	0	0	0	0
速发干酵母	2g	0.4	7	0.4	0.9	0
赤藻糖醇	8g	8	0	0	0	0
橄榄油	15ml	0	133	0	0	15
水	195ml	0	0	0	0	0
橄榄油（分量外）	5ml	0	44	0	0	5
总计	12 个	170.8	1104	16	32.2	28.8
独计	1 个	14.2	92	1.3	2.7	2.4

胚芽可可餐包

P.70

材料	分量	糖分（g）	热量（kcal）	膳食纤维（g）	蛋白质（g）	脂肪（g）
高筋面粉	140g	99.6	507	2.7	18.1	1.7
全麦面粉	70g	44.4	251	5.6	9.1	1.2
小麦胚芽	25g	9.5	104	2.5	7.8	2.9
黄豆粉	15g	2.8	60	2	5.6	2.5
无糖可可粉	7g	0.8	28	0	1.6	1.6
盐	3g	0	0	0	0	0
速发干酵母	2g	0.4	7	0.4	0.9	0
枫糖浆	20ml	18	73	0	0	0
水	185ml	0	0	0	0	0
无盐奶油	40g	0.4	293	0	0.2	33.1
总计	12 个	175.9	1323	13.2	43.3	43
独计	1 个	14.7	110	1.1	3.6	3.6

活力减糖早餐营养成分速查表

蒸烤西蓝花

P.76

材料	分量	糖分（g）	热量（kcal）	膳食纤维（g）	蛋白质（g）	脂肪（g）
西蓝花	100g	1.3	28	3.1	3.7	0.2
黄芥末籽酱	1小匙	0	1	0	0	0
蛋黄酱	1小匙	0.7	32	0	0	3
总计	1人份	2	61	3.1	3.7	3.2

西红柿西葫芦温沙拉

P.77

材料	分量	糖分（g）	热量（kcal）	膳食纤维（g）	蛋白质（g）	脂肪（g）
绿西葫芦	1/2根（约50g）	0.4	7	0.5	1.1	0
黄西葫芦	1/2根（约75g）	1.3	11	0.7	1.1	0.1
西红柿	1/2个（约75g）	2.3	14	0.8	0.6	0.1
橄榄油	2小匙	0	88	0	0	10
海盐	适量	0	0	0	0	0
总计	1人份	4	120	2	2.8	10.2

油醋绿沙拉

P.78

材料	分量	糖分（g）	热量（kcal）	膳食纤维（g）	蛋白质（g）	脂肪（g）
红叶莴苣	25g	0.1	4	0.5	0.3	0.1
皱叶莴苣	25g	0.6	5	0.4	0.3	0.1
冷压初榨橄榄油	2小匙	0	88	0	0	10
巴萨米克醋	1小匙	2.3	11	0	0	0
海盐	少许	0	0	0	0	0
总计	1人份	3	108	0.9	0.6	10.2

姜煸红椒油菜花

P.79

材料	分量	糖分（g）	热量（kcal）	膳食纤维（g）	蛋白质（g）	脂肪（g）
红甜椒	50g	2.7	17	0.8	0.4	0.3
油菜花	100g	1.7	31	2.3	3.2	0.8
老姜	2 片	0.4	3	0.2	0.1	0
椰子油	1 小匙	0	44	0	0	5
海盐	适量	0	0	0	0	0
总计	1 人份	4.8	95	3.3	3.7	6.1

水煮蛋牛肉生菜沙拉

P.80

材料	分量	糖分（g）	热量（kcal）	膳食纤维（g）	蛋白质（g）	脂肪（g）
鸡蛋	1 个	0.9	79	0	7.7	5.1
牛嫩肩里脊火锅片	100g	1.8	188	0	20	11.4
美生菜	100g	1.9	13	0.9	0.7	0.1
小西红柿	100g	5.2	35	1.5	1.1	0.7
酱油	10ml	1.5	9	0	0.8	0
无糖苹果醋	1 小匙	0	0	0	0	0
冷压初榨橄榄油	1 小匙	0	44	0	0	5
蜂蜜	1g	0.8	3	0	0	0
总计	1 人份	12.1	371	2.4	30.3	22.3

苹果地瓜小星球

P.90

材料	分量	糖分（g）	热量（kcal）	膳食纤维（g）	蛋白质（g）	脂肪（g）
地瓜	40g	9.2	46	1	0.7	0.1
苹果	25g	3.2	13	0.3	0.1	0
苜蓿芽	30g	0.3	6	0.5	1	0.1
总计	1 人份	12.7	65	1.8	1.8	0.2

清蒸时蔬佐和风酱

P.82

材料	分量	糖分（g）	热量（kcal）	膳食纤维（g）	蛋白质（g）	脂肪（g）
玉米笋	50g	1.6	16	1.3	1.1	0.1
甜豌豆荚	50g	2.3	21	1.4	1.5	0.1
新鲜香菇	50g	1.9	20	1.9	1.5	0.1
味噌	1/2 小匙	0.8	6	0.1	0.3	0.1
白醋	1 小匙	0.1	1	0	0	0
酱油	1 小匙	0.7	5	0	0.4	0
苹果泥	1 小匙	0.6	3	0.1	0	0
冷压初榨橄榄油	1 小匙	0	44	0	0	0
总计	1 人份	8	116	4.8	4.8	0.4

神奇软嫩渍鸡胸肉片

P.84

材料	分量	糖分（g）	热量（kcal）	膳食纤维（g）	蛋白质（g）	脂肪（g）
鸡胸肉	100g	0	104	0	22.4	0.9
盐	1g	0	0	0	0	0
橄榄油	1 小匙	0	44	0	0	0
总计	1 人份	0	148	0	22.4	0.9

香草松阪猪

P.88

材料	分量	糖分（g）	热量（kcal）	膳食纤维（g）	蛋白质（g）	脂肪（g）
松阪猪肉	100g	0.8	284	0	17.2	23.3
海盐	适量	0	0	0	0	0
意大利综合香草	适量	0	0	0	0	0
橄榄油	1/2 小匙	0	22	0	0	2.5
总计	1 人份	0.8	306	0	17.2	25.8

青葱炒肉

P.86

材料	分量	糖分（g）	热量（kcal）	膳食纤维（g）	蛋白质（g）	脂肪（g）
猪二层肉	100g	0	209	0	20.4	13.5
青葱	1 根	1.1	8	0.7	0.4	0.1
盐	2 小撮	0	0	0	0	0
白胡椒粉	少许	0	0	0	0	0
酱油	1 小匙	0.7	5	0	0.4	0
味醂	1 小匙	2.7	11	0	0	0
橄榄油	1 小匙	0	44	0	0	5
总计	1 人份	4.5	277	0.7	21.2	18.6

太阳蛋

P.91

材料	分量	糖分（g）	热量（kcal）	膳食纤维（g）	蛋白质（g）	脂肪（g）
鸡蛋	1 个	0.8	73	0	6.7	4.8
油	1 小匙	0	44	0	0	5
海盐	少许	0	0	0	0	0
总计	1 人份	0.8	117	0	6.7	9.8

鸡蛋沙拉

P.98

材料	分量	糖分（g）	热量（kcal）	膳食纤维（g）	蛋白质（g）	脂肪（g）
鸡蛋	2 个	1.8	134	0	12.5	8.8
蛋黄酱	$1\frac{1}{2}$ 大匙	3	145	0	0.3	14.9
盐	2 小撮	0	0	0	0	0
黑胡椒	少许	0	0	0	0	0
总计	2 人份	4.8	279	0	12.8	23.7
独计	1 人份	2.4	140	0	6.4	11.9

嫩滑欧姆蛋

P.92

材料	分量	糖分（g）	热量（kcal）	膳食纤维（g）	蛋白质（g）	脂肪（g）
鸡蛋	1个	0.8	73	0	6.7	4.8
鲜奶	25ml	1.2	16	0	0.8	0.9
盐	2小撮	0	0	0	0	0
黑胡椒	少许	0	0	0	0	0
无盐奶油	5g	0	37	0	0	4.1
总计	1人份	2	126	0	7.5	9.8

奶油蘑菇菠菜烤蛋盅

P.94

材料	分量	糖分（g）	热量（kcal）	膳食纤维（g）	蛋白质（g）	脂肪（g）
鸡蛋	2个	1.7	145	0	13.4	9.6
蘑菇	40g	1	10	0.5	1.2	0.1
菠菜	100g	0.5	18	1.9	2.2	0.3
乳酪丝	1大匙	0.7	48	0	3.8	3.4
盐	1小匙	0	0	0	0	0
无盐奶油	10g	0.1	73	0	0.1	8.3
总计	1人份	4	294	2.4	20.7	21.7

培根西蓝花螺旋面

P.96

材料	分量	糖分（g）	热量（kcal）	膳食纤维（g）	蛋白质（g）	脂肪（g）
西蓝花	100g	1.3	28	3.1	3.7	0.2
螺旋意大利面	15g	10.6	54	0.3	2.1	0.2
培根	30g	0.3	110	0	4	10.2
大蒜	1粒	1.1	6	0.2	0.3	0
橄榄油	1小匙	0	44	0	0	5
盐	$^1/_4$小匙	0	0	0	0	0
黑胡椒	少许	0	0	0	0	0
总计	1人份	13.3	242	3.6	10.1	15.6

蜂蜜草莓优格杯

P.99

材料	分量	糖分（g）	热量（kcal）	膳食纤维（g）	蛋白质（g）	脂肪（g）
草莓	50g	3.8	20	0.9	0.5	0.1
蜂蜜	1/2 小匙	2	8	0	0	0
无糖优格	100g	4.6	62	0	3.3	3.4
总计	1 人份	10.4	90	0.9	3.8	3.5

红茶欧蕾

P.100

材料	分量	糖分（g）	热量（kcal）	膳食纤维（g）	蛋白质（g）	脂肪（g）
红茶茶叶	2g	0	0	0	0	0
鲜奶	50ml	2.4	32	0	1.5	1.8
水	200ml	0	0	0	0	0
总计	1 人份	2.4	32	0	1.5	1.8

燕麦豆浆

P.101

材料	分量	糖分（g）	热量（kcal）	膳食纤维（g）	蛋白质（g）	脂肪（g）
黄豆	15g	2.7	58	2.2	5.3	2.4
即食燕麦片	5g	2.9	20	0.5	0.6	0.5
水	350ml	0	0	0	0	0
总计	1 人份	5.6	78	2.7	5.9	2.9

猕猴桃蓝莓起司盅

P.102

材料	分量	糖分（g）	热量（kcal）	膳食纤维（g）	蛋白质（g）	脂肪（g）
蓝莓	20g	2.3	11	0.5	0.1	0.1
猕猴桃	1 颗（约 100g）	11.3	56	2.7	1.1	0.3
乳酪起司	15g	0.4	39	0	0.8	3.8
总计	1 人份	14	106	3.2	2	4.2

温柠檬奇亚籽饮

P.103

材料	分量	糖分（g）	热量（kcal）	膳食纤维（g）	蛋白质（g）	脂肪（g）
奇亚籽	5g	0	25	1.9	1	1.8
柠檬汁	1 小匙	0.3	2	0	0	0
开水	300ml	0	0	0	0	0
总计	1 人份	0.3	27	1.9	1	1.8

高纤蔬果汁

P.104

材料	分量	糖分（g）	热量（kcal）	膳食纤维（g）	蛋白质（g）	脂肪（g）
苹果	80g	10.1	41	1	0.2	0.1
卷心菜	50g	1.8	12	0.6	0.7	0.1
胡萝卜	30g	1.7	11	0.8	0.3	0.1
开水	150ml	0	0	0	0	0
总计	1 人份	13.6	64	2.4	1.2	0.3

玫瑰果醋

P.105

材料	分量	糖分（g）	热量（kcal）	膳食纤维（g）	蛋白质（g）	脂肪（g）
玫瑰花醋	2 小匙	5.1	23	0	0	0
开水	80ml	0	0	0	0	0
冰块	少许	0	0	0	0	0
总计	1 人份	5.1	23	0	0	0

丰盛减糖午餐营养成分速查表

油醋甜椒

P.108

材料	分量	糖分（g）	热量（kcal）	膳食纤维（g）	蛋白质（g）	脂肪（g）
红甜椒	50g	2.7	17	0.8	0.4	0.3
黄甜椒	50g	2.1	14	0.9	0.4	0.1
初榨橄榄油	1 小匙	0	44	0	0	5
巴萨米克醋	1/2 小匙	1.2	5	0	0	0
海盐	少许	0	0	0	0	0
总计	1 人份	6	80	1.7	0.8	5.4

橙渍白萝卜

P.109

材料	分量	糖分（g）	热量（kcal）	膳食纤维（g）	蛋白质（g）	脂肪（g）
白萝卜	100g	2.8	18	1.1	0.5	0.1
盐	1/4 小匙	0	0	0	0	0
现榨柳橙汁	1 大匙	1.3	6	0.3	0.1	0
无糖苹果醋	1 小匙	0	0	0	0	0
蜂蜜	1g	0.8	3	0	0	0
总计	2 人份	4.9	27	1.4	0.6	0.1
独计	1 人份	2.5	14	0.7	0.3	0.05

鹅油油葱卷心菜

P.110

材料	分量	糖分（g）	热量（kcal）	膳食纤维（g）	蛋白质（g）	脂肪（g）
卷心菜	100g	3.7	23	1.1	1.3	0.1
鹅油油葱酥	2 小匙	1.5	81	0	0.1	8.3
盐	少许	0	0	0	0	0
总计	1 人份	5.2	104	1.1	1.4	8.4

辣拌芝麻豆芽

P.112

材料	分量	糖分（g）	热量（kcal）	膳食纤维（g）	蛋白质（g）	脂肪（g）
黄豆芽	300g	0	102	8.1	16.2	3.6
蒜泥	2 小匙	2.2	12	0.4	0.7	0
白芝麻	2 小匙	0.5	63	1.1	2	5.9
韩国辣椒粉	2 小匙	1.6	22	4	1.5	0.8
白芝麻油	2 小匙	0	83	0	0	9.2
盐	$^{1}/_{2}$ 小匙	0	0	0	0	0
总计	6 人份	4.3	282	13.6	20.4	19.5
独计	1 人份	0.7	47	2.3	3.4	3.3

三杯豆腐蘑菇时蔬

P.116

材料	分量	糖分（g）	热量（kcal）	膳食纤维（g）	蛋白质（g）	脂肪（g）
红甜椒	50g	2.7	17	0.8	0.4	0.3
黄甜椒	50g	2.1	14	0.9	0.4	0.1
杏鲍菇	50g	2.6	21	1.6	1.4	0.1
鸿喜菇	50g	1.5	15	1.1	1.5	0.1
油豆腐	50g	0.5	69	0.3	6.3	4.5
九层塔	15g	0.2	4	0.5	0.4	0.1
水	1 小匙	0	0	0	0	0
黑芝麻油	2 小匙	0	88	0	0	10
酱油	1 小匙	0.7	5	0	0.4	0
米酒	2 小匙	0.5	11	0	0	0
大蒜	2 粒	2.2	12	0.4	0.7	0
老姜	3 片	0.4	3	0.2	0.1	0
总计	1 人份	13.4	259	5.8	11.6	15.2

芥末秋葵

P.114

材料	分量	糖分（g）	热量（kcal）	膳食纤维（g）	蛋白质（g）	脂肪（g）
秋葵	50g	1.9	18	1.9	1.1	0.1
芥末酱	1/2 小匙	1.6	9	0.2	0	0.2
酱油膏	1 小匙	0.9	5	0	0.3	0
酱油	1/2 小匙	0.4	3	0	0.2	0
柴鱼片	少许	0	0	0	0	0
总计	1 人份	4.8	35	2.1	1.6	0.3

凉拌香菜紫茄

P.118

材料	分量	糖分（g）	热量（kcal）	膳食纤维（g）	蛋白质（g）	脂肪（g）
茄子	1/2 根（约 100g）	2.6	25	2.7	1.2	0.2
大蒜	1 粒	1.1	6	0.2	0.3	0
酱油	1/2 大匙	1.1	7	0	0.6	0
乌醋	1/2 大匙	0.7	3	0	0.5	0
白芝麻油	1 小匙	0	44	0	0	5
辣椒	1 小根	0.2	2	0.3	0.1	0
香菜	1 束	0.2	3	0.3	0.2	0
总计	1 人份	5.9	90	3.5	2.9	5.2

椒麻青花笋

P.120

材料	分量	糖分（g）	热量（kcal）	膳食纤维（g）	蛋白质（g）	脂肪（g）
青花笋	100g	2.1	32	3	3	0.5
大蒜	1 粒	1.1	6	0.2	0.3	0
花椒粒	1/2 小匙	0	0	0	0	0
干辣椒	2 根	0.2	8	0.8	0.4	0.3
盐	1/4 小匙	0	0	0	0	0
橄榄油	1 小匙	0	44	0	0	5
总计	1 人份	3.4	90	4	3.7	5.8

西芹胡萝卜烩腐皮

P.122

材料	分量	糖分（g）	热量（kcal）	膳食纤维（g）	蛋白质（g）	脂肪（g）
西洋芹菜	100g	0.6	11	1.6	0.4	0.2
胡萝卜	30g	1.7	11	0.8	0.3	0.1
豆腐皮	100g	3.9	199	0.6	25.3	8.8
大蒜	2粒	2.2	12	0.4	0.7	0
盐	1/4 小匙	0	0	0	0	0
辣豆瓣酱	1小匙	0.4	5	0.3	0.2	0.2
沙茶酱	1小匙	0.3	36	0.2	0.5	3.6
酱油	1小匙	0.7	5	0	0.4	0
水	2大匙	0	0	0	0	0
橄榄油	2小匙	0	88	0	0	10
总计	1人份	9.8	367	3.9	27.8	22.9

宫保鸡丁

P.126

材料	分量	糖分（g）	热量（kcal）	膳食纤维（g）	蛋白质（g）	脂肪（g）
鸡胸肉	150g	0	156	0	33.6	1.4
小黄瓜	1根（约100g）	1.1	13	1.3	0.9	0.2
干辣椒	2根	0	0	0	0	0
蒜末	1小匙	1.1	6	0.2	0.3	0
姜末	1小匙	0.4	3	0.2	0.1	0
水	1大匙	0	0	0	0	0
香油	1小匙	0	44	0	0	5
盐	1/2 小匙	0	0	0	0	0
酱油	1小匙	0.7	5	0	0.4	0
盐	1/4 小匙	0	0	0	0	0
乌醋	1小匙	0.4	2	0	0	0
总计	1人份	3.7	229	1.7	35.3	6.6

XO酱煸四季豆

P.124

材料	分量	糖分（g）	热量（kcal）	膳食纤维（g）	蛋白质（g）	脂肪（g）
四季豆	100g	3.3	30	2	1.7	0.2
XO 酱	2 小匙	0.7	56	0.1	1.7	5.1
大蒜	1 粒	1.1	6	0.2	0.3	0
盐	少许	0	0	0	0	0
总计	1 人份	5.1	92	2.3	3.7	5.3

乳酪鸡肉卷

P.128

材料	分量	糖分（g）	热量（kcal）	膳食纤维（g）	蛋白质（g）	脂肪（g）
无骨鸡腿排	1 片（约 150g）	0	236	0	27.8	13.1
莫扎瑞拉起司片	1 片（约 22g）	0.2	65	0	5.4	4.7
盐	适量	0	0	0	0	0
黑胡椒	少许	0	0	0	0	0
总计	1 人份	0.2	301	0	33.2	17.8

黑胡椒酱烤鸡翅

P.130

材料	分量	糖分（g）	热量（kcal）	膳食纤维（g）	蛋白质（g）	脂肪（g）
鸡翅	5 只（约 150g）	0	229	0	18.1	16.8
大蒜	1 粒	1.1	6	0.2	0.3	0
酱油	1 大匙	2.2	14	0	1.2	0
清酒	1 大匙	0.7	16	0	0.1	0
盐	少许	0	0	0	0	0
黑胡椒粉	少许	0	0	0	0	0
总计	1 人份	4	265	0.2	19.7	16.8

台式猪排

P.134

材料	分量	糖分（g）	热量（kcal）	膳食纤维（g）	蛋白质（g）	脂肪（g）
猪小里脊烤肉片	100g	0	139	0	21.1	5.4
酱油	1/2 大匙	1.1	7	0	0.6	0
米酒	2 小匙	0.5	11	0	0.1	0
大蒜	1 粒	1.1	6	0.2	0.3	0
五香粉	1 小撮	0	0	0	0	0
橄榄油	1 小匙	0	44	0	0	5
总计	1 人份	2.7	207	0.2	22.1	10.4

蒜片牛排

P.136

材料	分量	糖分（g）	热量（kcal）	膳食纤维（g）	蛋白质（g）	脂肪（g）
沙朗牛排	1 片（约 150g、2cm 厚）	2.3	243	0	30.6	12.4
大蒜	2 粒	2.2	12	0.4	0.7	0
橄榄油	2 小匙	0	88	0	0	10
海盐	适量	0	0	0	0	0
黑胡椒	少许	0	0	0	0	0
总计	1 人份	4.5	343	0.4	31.3	22.4

炙烤牛小排

P.138

材料	分量	糖分（g）	热量（kcal）	膳食纤维（g）	蛋白质（g）	脂肪（g）
牛小排烧烤肉片	100g	0	290	0	17.1	24
现榨柳橙汁	2 小匙	0.9	4	0.2	0.1	0
酱油	2 小匙	1.5	9	0	0.8	0
清酒	2 小匙	0.5	11	0	0	0
橄榄油	微量（约 1/2 小匙）	0	22	0	0	2.5
总计	1 人份	2.9	336	0.2	18	26.5

韩式泡菜猪肉

P.132

材料	分量	糖分（g）	热量（kcal）	膳食纤维（g）	蛋白质（g）	脂肪（g）
猪五花肉片	200g	1	720	0	29.8	65.8
韩式泡菜	140g	4.2	49	3.9	2.8	0.6
韭菜	1/4 束（30g）	0.5	9	0.7	0.6	0.1
蒜末	1 小匙	1.1	7	0.2	0.3	0
姜末	1 小匙	0.6	3	0.2	0.1	0
青葱	2 根	1.1	8	0.7	0.4	0.1
酱油	2 小匙	1.5	9	0	0.8	0
白芝麻油	1 大匙	0	133	0	0	15
总计	2 人份	10	938	5.7	34.8	81.6
独计	1 人份	5	469	2.9	17.4	40.8

豆腐汉堡排

P.142

材料	分量	糖分（g）	热量（kcal）	膳食纤维（g）	蛋白质（g）	脂肪（g）
板豆腐	100g	5.4	88	0.6	8.5	3.4
猪绞肉	80g	0	170	0	15	11.7
洋葱	40g	3.2	17	0.6	0.4	0.1
胡萝卜	40g	2.3	15	1.1	0.4	0.1
鸡蛋	1 个	0.8	73	0	6.7	4.8
姜末	1/2 小匙	0.2	2	0.1	0.1	0
黄豆粉	1 大匙	2.8	60	2	5.6	2.5
盐	1/2 小匙	0	0	0	0	0
油	1/2 小匙	0	22	0	0	2.5
总计	2 人份	14.7	447	4.4	36.7	25.1
独计	1 人份	7.4	224	2.2	18.4	12.6

盐葱豆腐

P.140

材料	分量	糖分（g）	热量（kcal）	膳食纤维（g）	蛋白质（g）	脂肪（g）
板豆腐（传统豆腐）	100g	5.4	88	0.6	8.5	3.4
洋葱	10g	0.8	4	0.1	0.1	0
青葱	10g	0.4	3	0.2	0.1	0
胡椒盐	少许	0	0	0	0	0
盐	1/4 小匙	0	0	0	0	0
橄榄油	1/2 小匙	0	22	0	0	2.5
总计	1 人份	6.6	117	0.9	8.7	5.9

茭白笋味噌汤

P.144

材料	分量	糖分（g）	热量（kcal）	膳食纤维（g）	蛋白质（g）	脂肪（g）
干昆布	10g	0	0	0	0	0
味噌	1 大匙	4.3	32	0.7	1.6	0.7
柴鱼片	10g	0	0	0	0	0
茭白笋	150g	2.9	30	3.1	2	0.3
盐	1 小匙	0	0	0	0	0
水	1000ml	0	0	0	0	0
总计	2 人份	7.2	62	3.8	3.6	1
独计	1 人份	3.6	31	1.9	1.8	0.5

冷泡麦茶

P.147

材料	分量	糖分（g）	热量（kcal）	膳食纤维（g）	蛋白质（g）	脂肪（g）
麦茶茶包	1 袋	0	0	0	0	0
开水	1000ml	0	0	0	0	0
总计	1000ml	0	0	0	0	0

樱花虾海带芽汤

P.146

材料	分量	糖分（g）	热量（kcal）	膳食纤维（g）	蛋白质（g）	脂肪（g）
干昆布	10g	0	0	0	0	0
樱花虾干	5g	0	5	0	1	0.1
干海带芽	10g	0.7	23	3.4	2.3	0.1
水	1000ml	0	0	0	0	0
盐	$1\frac{1}{2}$ 小匙	0	0	0	0	0
青葱	1 根	0.6	4	0.3	0.2	0
总计	2 人份	1.3	32	3.7	3.5	0.2
独计	1 人份	0.7	16	1.9	1.8	0.1

轻食减糖晚餐营养成分速查表

小鱼金丝油菜

P.150

材料	分量	糖分（g）	热量（kcal）	膳食纤维（g）	蛋白质（g）	脂肪（g）
油菜	100g	0	12	1.6	1.4	0.2
小鱼干	5g	0	17	0	3.5	0.2
鸡蛋	1 个	0.8	73	0	6.7	4.8
盐	少许	0	0	0	0	0
油	1 小匙	0	44	0	0	5
总计	1 人份	0.8	146	1.6	11.6	10.2

姜煸蘑菇玉米笋

P.152

材料	分量	糖分（g）	热量（kcal）	膳食纤维（g）	蛋白质（g）	脂肪（g）
玉米笋	50g	1.6	16	1.3	1.1	0.1
鸿喜菇	100g	3.1	30	2.2	2.9	0.1
老姜	3 片	0.4	3	0.2	0.1	0
黑芝麻油	1 小匙	0	44	0	0	5
盐	1/4 小匙	0	0	0	0	0
总计	1 人份	5.1	93	3.7	4.1	5.2

青葱西红柿炒秀珍菇

P.154

材料	分量	糖分（g）	热量（kcal）	膳食纤维（g）	蛋白质（g）	脂肪（g）
西红柿	1 个（约 150g）	4.7	29	1.5	1.2	0.1
秀珍菇	50g	1.6	14	0.7	1.6	0.1
青葱	1 根	0.6	4	0.3	0.2	0
酱油	1 小匙	0.7	5	0	0.4	0
味醂	1/2 小匙	1.4	6	0	0	0
盐	1/2 小匙	0	0	0	0	0
橄榄油	1 小匙	0	44	0	0	5
总计	1 人份	9	102	2.5	3.4	5.2

冷拌蒜蓉龙须菜

P.156

材料	分量	糖分（g）	热量（kcal）	膳食纤维（g）	蛋白质（g）	脂肪（g）
龙须菜	100g	2.3	22	1.3	2.4	0.2
胡萝卜	15g	0.9	6	0.4	0.1	0
大蒜	1 粒	1.1	6	0.2	0.3	0
酱油	1 小匙	0.7	5	0	0.4	0
盐	1 小匙	0	0	0	0	0
椰子油	1 小匙	0	44	0	0	5
总计	1 人份	5	83	1.9	3.2	5.2

奶油香菇芦笋烧

P.158

材料	分量	糖分（g）	热量（kcal）	膳食纤维（g）	蛋白质（g）	脂肪（g）
绿芦笋	$^1/_2$ 把（约 80g）	2.5	18	1.1	1	0.2
新鲜香菇	80g	3.1	31	3	2.4	0.1
紫洋葱	50g	2.8	16	0.8	0.5	0.1
味噌	$^1/_2$ 小匙	0.8	6	0.1	0.3	0.1
清酒	2 小匙	0.5	11	0	0	0
盐	$^1/_4$ 小匙	0	0	0	0	0
黑胡椒	少许	0	0	0	0	0
无盐奶油	5g	0	37	0	0	4.1
总计	1 人份	9.7	119	5	4.2	4.6

柠檬鸡腿排

P.162

材料	分量	糖分（g）	热量（kcal）	膳食纤维（g）	蛋白质（g）	脂肪（g）
无骨鸡腿排	1 片（约 150g）	0	236	0	27.8	13.1
柠檬汁	2 小匙	0.7	3	0	0	0.1
橄榄油	1 小匙	0	44	0	0	5
盐	1g	0	0	0	0	0
黑胡椒	少许	0	0	0	0	0
总计	1 人份	0.7	283	0	27.8	18.2

木耳滑菇炒青江菜

P.160

材料	分量	糖分（g）	热量（kcal）	膳食纤维（g）	蛋白质（g）	脂肪（g）
青江菜	100g	0.7	13	1.4	1.3	0.1
金针菇	1/2 包（约 100g）	4.9	37	2.3	2.6	0.3
黑木耳	50g	0.7	19	3.7	0.5	0.1
大蒜	1 粒	1.1	6	0.2	0.3	0
白胡椒粉	少许	0	0	0	0	0
乌醋	1 小匙	0.4	2	0	0	0
盐	1/3 小匙	0	0	0	0	0
橄榄油	1 小匙	0	44	0	0	5
总计	1 人份	7.8	121	7.6	4.7	5.5

黑胡椒洋葱猪肉

P.164

材料	分量	糖分（g）	热量（kcal）	膳食纤维（g）	蛋白质（g）	脂肪（g）
洋葱	50g	4.1	21	0.7	0.5	0.1
猪后腿肉	100g	0.4	123	0	20.4	4
青葱	1 根	0.6	4	0.3	0.2	0
黑胡椒	少许	0	0	0	0	0
酱油	2 小匙	1.5	9	0	0.8	0
米酒	1 小匙	0.2	5	0	0	0
橄榄油	1 小匙	0	44	0	0	5
总计	1 人份	6.8	206	1	21.9	9.1

速蒸比目鱼

P.168

材料	分量	糖分（g）	热量（kcal）	膳食纤维（g）	蛋白质（g）	脂肪（g）
比目鱼片	1 片（约 150g）	1.2	285	0	19.8	22.2
青葱	1 根	0.6	4	0.3	0.2	0
酱油	2 小匙	1.5	9	0	0.8	0
米酒	1 小匙	0.2	5	0	0	0
总计	1 人份	3.5	303	0.3	20.8	22.2

韩式蔬菜牛肉

P.166

材料	分量	糖分（g）	热量（kcal）	膳食纤维（g）	蛋白质（g）	脂肪（g）
牛梅花火锅肉片	100g	0.9	120	0	20.3	3.7
青椒	75g	2.1	17	1.6	0.6	0.2
黄甜椒	50g	2.1	14	0.9	0.4	0.1
胡萝卜	50g	2.9	19	1.4	0.5	0.1
盐	$^{1}/_{3}$ 小匙	0	0	0	0	0
酱油	1 大匙	2.2	14	0	1.2	0
苹果泥	1 大匙	1.9	8	0.2	0	0
蒜泥	1 小匙	1.1	6	0.2	0.3	0
香油	1 小匙	0	44	0	0	5
白芝麻	3g	0.2	19	0.3	0.6	1.8
总计	1 人份	13.4	261	4.6	23.9	10.9

盐烤三文鱼

P.170

材料	分量	糖分（g）	热量（kcal）	膳食纤维（g）	蛋白质（g）	脂肪（g）
三文鱼片	1 片（约 150g）	0	237	0	36.5	9
盐	适量	0	0	0	0	0
橄榄油	1 小匙	0	44	0	0	5
总计	1 人份	0	281	0	36.5	14

香煎奶油干贝

P.180

材料	分量	糖分（g）	热量（kcal）	膳食纤维（g）	蛋白质（g）	脂肪（g）
干贝	150g	2.5	86	0	19.1	0.6
无盐奶油	5g	0	37	0	0	4.1
胡椒盐	少许	0	0	0	0	0
总计	1 人份	2.5	123	0	19.1	4.7

椒盐鱼片

P.172

材料	分量	糖分（g）	热量（kcal）	膳食纤维（g）	蛋白质（g）	脂肪（g）
鲷鱼片	100g	2.5	110	0	18.2	3.6
黄豆粉	1 小匙	0.9	20	0.7	1.9	0.8
大蒜	1 粒	1.1	6	0.2	0.3	0
青葱	1 根	0.6	4	0.3	0.2	0
干辣椒	1 根	0	0	0	0	0
胡椒盐	适量	0	0	0	0	0
盐	适量	0	0	0	0	0
油	2 小匙	0	88	0	0	10
总计	1 人份	5.1	228	1.2	20.6	14.4

蒜辣爆炒鲜虾

P.176

材料	分量	糖分（g）	热量（kcal）	膳食纤维（g）	蛋白质（g）	脂肪（g）
草虾仁	150g	1.4	66	0	14.6	0.5
大蒜	2 粒	2.2	12	0.4	0.7	0
干辣椒	2 根	0	0	0	0	0
黑胡椒	少许	0	0	0	0	0
盐	适量	0	0	0	0	0
橄榄油	2 小匙	0	88	0	0	10
总计	1 人份	3.6	166	0.4	15.3	10.5

蒜苗盐香小卷

P.182

材料	分量	糖分（g）	热量（kcal）	膳食纤维（g）	蛋白质（g）	脂肪（g）
小卷	150g	2.4	108	0	24	0.6
蒜苗	$^1/_2$ 根	2.6	16	1	0.7	0
米酒	1 小匙	0.2	5	0	0	0
胡椒盐	适量	0	0	0	0	0
橄榄油	1 小匙	0	44	0	0	5
总计	1 人份	5.2	173	1	24.7	5.6

居酒屋风炙烤花枝杏鲍菇

P.174

材料	分量	糖分（g）	热量（kcal）	膳食纤维（g）	蛋白质（g）	脂肪（g）
花枝	1尾（约100g）	3.7	57	0	12.2	0.6
杏鲍菇	100g	5.2	41	3.1	2.7	0.2
清酒	1小匙	0.2	5	0	0	0
盐	2小撮	0	0	0	0	0
辣椒粉	少许	0.4	4	0.2	0.1	0.1
胡椒盐	少许	0	0	0	0	0
橄榄油	1/2小匙	0	22	0	0	2.5
总计	1人份	9.5	129	3.3	15	3.4

毛豆虾仁

P.178

材料	分量	糖分（g）	热量（kcal）	膳食纤维（g）	蛋白质（g）	脂肪（g）
毛豆仁	50g	3.1	65	3.2	7.3	1.6
白虾虾仁	100g	0	103	0	21.9	1
大蒜	1粒	1.1	6	0.2	0.3	0
米酒	1小匙	0.2	5	0	0	0
盐	适量	0	0	0	0	0
白胡椒粉	少许	0	0	0	0	0
橄榄油	1小匙	0	44	0	0	5
总计	1人份	4.4	223	3.4	29.5	7.6

麻油红凤菜汤

P.187

材料	分量	糖分（g）	热量（kcal）	膳食纤维（g）	蛋白质（g）	脂肪（g）
红凤菜叶	50g	0.5	11	1.3	1.1	0.2
嫩姜	3片	0.1	1	0.1	0	0
黑芝麻油	1小匙	0	44	0	0	5
米酒	1小匙	0.2	5	0	0	0
水	350ml	0	0	0	0	0
盐	1/2小匙	0	0	0	0	0
总计	1人份	0.8	61	1.4	1.1	5.2

鲜甜蔬菜玉米鸡汤

P.184

材料	分量	糖分（g）	热量（kcal）	膳食纤维（g）	蛋白质（g）	脂肪（g）
鸡胸骨	2副	2.4	108	0	18	3.6
大白菜	100g	2	17	0.9	1.2	0.3
胡萝卜	50g	2.9	19	1.4	0.5	0.1
黄玉米	1根（约140g）	18.6	152	6.7	4.7	3.5
青葱	1根	0.6	4	0.3	0.2	0
盐	1$^1/_2$小匙	0	0	0	0	0
水	1000ml	0	0	0	0	0
总计	2人份	26.5	300	9.3	24.6	7.5
独计	1人份	13.3	150	4.7	12.3	3.8

青蒜鲈鱼汤

P.188

材料	分量	糖分（g）	热量（kcal）	膳食纤维（g）	蛋白质（g）	脂肪（g）
鲈鱼鱼片	1片（约100g）	0.9	98	0	19.9	1.5
蛤蜊	300g	8.1	111	0	22.8	1.5
青葱	1根	0.6	4	0.3	0.2	0
蒜苗	$^1/_2$根	2.6	16	1	0.7	0
大蒜	1粒	1.1	6	0.2	0.3	0
九层塔	少许	0	1	0.1	0.1	0
清酒	1大匙	0.7	16	0	0.1	0
水	500ml	0	0	0	0	0
盐	$^1/_4$小匙	0	0	0	0	0
橄榄油	2小匙	0	88	0	0	10
总计	1人份	14	340	1.6	44.1	13

姜丝虱目鱼汤

P.186

材料	分量	糖分（g）	热量（kcal）	膳食纤维（g）	蛋白质（g）	脂肪（g）
虱目鱼片	100g	0.2	179	0	21.8	9.5
嫩姜	10g	0.4	2	0.1	0	0
米酒	1 小匙	0.2	5	0	0	0
油	$^1/_2$ 小匙	0	22	0	0	2.5
水	400ml	0	0	0	0	0
盐	$^1/_3$ 小匙	0	0	0	0	0
总计	1 人份	0.8	208	0.1	21.8	12

韩式泡菜蛤蜊鲷鱼锅

P.190

材料	分量	糖分（g）	热量（kcal）	膳食纤维（g）	蛋白质（g）	脂肪（g）
蛤蜊	100g	2.7	37	0	7.6	0.5
鲷鱼片	100g	2.5	110	0	18.2	3.6
嫩豆腐	150g	1.8	77	1.2	7.3	3.9
洋葱	50g	4.1	21	0.7	0.5	0.1
美白菇	100g	3.3	27	1.5	2.4	0.3
韩式泡菜	30g	0.9	11	0.8	0.6	0.1
青葱	1 根	0.6	4	0.3	0.2	0
姜末	1 小匙	0.4	3	0.2	0.1	0
蒜末	1 小匙	1.1	6	0.2	0.3	0
酱油	2 小匙	1.5	9	0	0.8	0
油	1 小匙	0	44	0	0	5
香油	1 小匙	0	44	0	0	5
盐	1 小匙	0	0	0	0	0
水	600ml	0	0	0	0	0
总计	1 人份	18.9	393	4.9	38	18.5

附录 3

减糖14天冲刺计划表

准备事项	星期一	星期二	星期三
本周食材清单	一日摄取	一日摄取	一日摄取
	总糖量：	总糖量：	总糖量：
	总热量：	总热量：	总热量：
	体　重：	体　重：	体　重：
	体　脂：	体　脂：	体　脂：

星期四	星期五	星期六	星期日
一日摄取	一日摄取	一日摄取	一日摄取
总糖量：	总糖量：	总糖量：	总糖量：
总热量：	总热量：	总热量：	总热量：
体　重：	体　重：	体　重：	体　重：
体　脂：	体　脂：	体　脂：	体　脂：

准备事项	星期一	星期二	星期三
本周食材清单	一日摄取 总糖量： 总热量： 体　重： 体　脂：	一日摄取 总糖量： 总热量： 体　重： 体　脂：	一日摄取 总糖量： 总热量： 体　重： 体　脂：

星期四	星期五	星期六	星期日
一日摄取 总糖量： 总热量： 体　重： 体　脂：	一日摄取 总糖量： 总热量： 体　重： 体　脂：	一日摄取 总糖量： 总热量： 体　重： 体　脂：	一日摄取 总糖量： 总热量： 体　重： 体　脂：

原书名《一日三餐减糖料理：单周无压力消失 2kg 的美味计划，72 道低糖速瘦搭配餐》

作者：娜塔（本名：陈怡婷）ISBN 9789578787322

著作权合同登记号：第 06-2018-404 号。

图书在版编目（CIP）数据

一日三餐减糖料理 / 娜塔（Nata）著 .— 沈阳 : 辽宁科学技术出版社 , 2019.5（2019.10 重印）

ISBN 978-7-5591-1131-9

Ⅰ . ①一… Ⅱ . ①娜… Ⅲ . ①减肥 – 食谱 Ⅳ . ① TS972.161

中国版本图书馆 CIP 数据核字 (2019) 第 056635 号

出版发行：辽宁科学技术出版社
（地址：沈阳市和平区十一纬路 25 号 邮编：110003）
印 刷 者：辽宁新华印务有限公司
经 销 者：各地新华书店
幅面尺寸：170 mm × 240mm
印　　张：14.25
字　　数：250 千字
出版时间：2019 年 6 月第 1 版
印刷时间：2019 年 10 月第 2 次印刷
责任编辑：朴海玉
封面设计：鼎籍文化创意
版式设计：鼎籍文化创意
责任校对：栗　勇

书　　号：ISBN 978-7-5591-1131-9
定　　价：58.00 元

联系电话：024-23284740
邮购热线：024-23284502